Gestión del Mantenimiento de Sistemas Marinos

Gestión del Mantenimiento de Sistemas Marinos

Luis Alfonso Díaz Secades

2025

Ediciones de la Universidad de Oviedo.
Servicio de Publicaciones de la Universidad de Oviedo
ISNI: 0000 0004 8513 7929
Campus de Humanidades. Edificio de Servicios. 33011 Oviedo (Asturias)
Tel. 985 10 95 03
https://publicaciones.uniovi.es/
servipub@uniovi.es

Esta obra ha sido avalada por el Departamento de Ciencia y Tecnología Náutica de acuerdo con lo establecido en el artículo 8 f, del Reglamento del Servicio de Publicaciones de la Universidad de Oviedo.

Esta Editorial es miembro de la UNE, lo que garantiza la difusión y comercialización de sus publicaciones a nivel nacional e internacional.

I.S.B.N.: 979-13-87540-48-7

DL AS 2747-2025

Imprime: Servicio de Publicaciones. Universidad de Oviedo

ÍNDICE

ÍNDICE **5**
ÍNDICE DE FIGURAS **11**
ÍNDICE DE TABLAS **13**
PRÓLOGO **15**
CAPÍTULO 1 INTRODUCCIÓN **17**
1.1 La Necesidad de Implementar el Mantenimiento 17
1.2 Historia del Mantenimiento 18
1.2.1 El Mantenimiento en la Actualidad *21*
1.3 Responsabilidades del Departamento de Mantenimiento 22
CAPÍTULO 2 EL MANTENIMIENTO EN EL ORGANIGRAMA EMPRESARIAL **25**
2.1 Posición del Departamento de Mantenimiento en la Empresa 27
2.2 Políticas de Mantenimiento 30
2.2.1 Auto-Mantenimiento *31*
CAPÍTULO 3 MANTENIMIENTO CORRECTIVO **33**
3.1 Contratación Externa del Mantenimiento Correctivo 36
CAPÍTULO 4 MANTENIMIENTO PREVENTIVO **39**
4.1 Clases de Mantenimiento Preventivo 43
4.1.1 Mantenimiento en Uso *43*
4.1.2 Mantenimiento Preventivo Sistemático *44*
4.1.3 Mantenimiento Basado en la Condición *45*
4.2 Rentabilidad y Uso del Mantenimiento Preventivo 47
4.3 Elaboración de un Programa de Mantenimiento 50
4.3.1 Implantación del Programa de Mantenimiento Preventivo *51*
CAPÍTULO 5 MANTENIMIENTO PREDICTIVO **53**
5.1 Técnicas de Mantenimiento Predictivo 56
5.1.1 Inspección Visual *56*
5.1.2 Ultrasonidos *57*
5.1.3 Análisis de Vibraciones *57*

5.1.4 Tribología ... *58*
5.1.5 Termografía ... *59*
5.1.6 Comprobaciones en Máquinas Eléctricas ... *60*
5.1.7 Líquidos Penetrantes y Ensayos Asociados ... *60*
5.2 Calibración de Equipos ... 61
5.3 Análisis de Datos ... 62

CAPÍTULO 6 OTROS MANTENIMIENTOS ... 65

6.1 Mantenimiento Modificativo ... 65
6.2 Mantenimiento Detectivo ... 68
6.3 Mantenimiento Legal ... 68

CAPÍTULO 7 EL FALLO ... 71

7.1 Clasificación del Fallo ... 71
7.1.1 Mecanismos de Fallo ... *72*
7.1.2 Aplicación de Factores de Seguridad ... *74*
7.2 Fallo por Error Humano ... 75
7.2.1 Error Humano y Fiabilidad ... *77*
7.2.2 Reducción del Error Humano ... *78*
7.3 Análisis de Averías ... 79
7.3.1 Análisis Modal de Fallos y Efectos ... *79*
7.3.2 Análisis de Causa Raíz ... *82*
7.3.4 Sistema de Reporte de Fallos, Análisis y Acciones Correctivas ... *85*
7.3.3 Análisis de Árbol de Fallos ... *86*
7.3.4 Diagrama de Pareto ... *88*

CAPÍTULO 8 PLANIFICACIÓN DEL MANTENIMIENTO ... 91

8.1 Categorización de los Trabajos de Mantenimiento ... 92
8.1.1 Planificación del Mantenimiento de Nuevas Instalaciones ... *96*
8.2 Preparación de Trabajos y Estandarización ... 96
8.2.1 Codificación de Máquinas y Equipos ... *99*
8.2.2 Elaboración de Boletines de Mantenimiento ... *100*
8.3 Gestión de Tiempos ... 102
8.4 Medios humanos ... 103
8.4.1 Técnica de Revisión y Evaluación de Programas ... *104*
8.4.2 Diagrama de Gantt ... *107*
8.5 La Orden de Trabajo ... 109
8.6 La Gestión del Mantenimiento desde el punto de vista de la Fiabilidad ... 112
8.7 Gestión de Riesgos en Mantenimiento ... 114
8.7.1 Equipos en Garantía ... *116*
8.8 Gestión del Rendimiento ... 117

CAPÍTULO 9 FIABILIDAD, MANTENIBILIDAD Y DISPONIBILIDAD ... 121

9.1 Fiabilidad ... 121

9.1.1 Fiabilidad e Infiabilidad *123*
9.1.2 Densidad del Fallo *124*
9.1.3 Tasa de Fallos *125*
9.1.4 Curva de la Bañera *125*
9.1.5 Parámetros de la Fiabilidad *127*
9.2 MANTENIBILIDAD 129
9.2.1 Distribución de los Tiempos de Mantenimiento *130*
9.2.2. Objetivos de la Mantenibilidad *131*
9.2.3 Normalización, Estadarización y Mantenibilidad *133*
9.2.4 Tareas Organizativas de la Mantenibilidad *134*
9.2.5 Fiabilidad vs. Mantenibilidad *135*
9.3 DISPONIBILIDAD 136
9.3.1 Objetivos del Mantenimiento *137*
9.4 ESTADÍSTICA DEL DESGASTE 138
9.4.1 Fiabilidad de una Máquina en Base a sus Componentes *140*
9.5 FIABILIDAD DE ELEMENTOS MECÁNICOS, ELÉCTRICOS Y ELECTRÓNICOS 141
9.5.1 Selección de la Política de Mantenimiento según la Fiabilidad *143*
9.6 FIABILIDAD Y COSTE DE MANTENIMIENTO 144
9.6.1 Elección de Repuestos según MTBF y Coste *145*

CAPÍTULO 10 MANTENIMIENTO CENTRADO EN LA CONFIABILIDAD 147

10.1 APLICACIÓN DEL MANTENIMIENTO CENTRADO EN LA CONFIABILIDAD 151
10.2 ANÁLISIS DE CRITICIDAD EN EL MANTENIMIENTO CENTRADO EN LA CONFIABILIDAD 156
10.3 RENDIMIENTO DEL MANTENIMIENTO CENTRADO EN LA CONFIABILIDAD 160
10.4 APLICACIÓN DEL RCM PARA LA MEJORA CONTINUA 161

CAPÍTULO 11 GESTIÓN ECONÓMICA DEL MANTENIMIENTO 163

11.1 OBJETIVOS ECONÓMICOS DEL MANTENIMIENTO 164
11.2 COSTE INTEGRAL DEL MANTENIMIENTO 165
11.2.1 El Coste Integral del Mantenimiento en las Empresas de Servicios *168*
11.3 COSTE DE MANTENIMIENTO FRENTE A INVERSIÓN DE MEJORA 169
11.4 SUBCONTRATACIÓN DE REPARACIONES 169
11.5 RENOVACIÓN Y RECONSTRUCCIÓN DE MAQUINARIA 170
11.5.1 Amortización de la Máquina *171*
11.5.2 Reconstrucción de la Máquina *172*
11.5.3 Vida Económica de la Máquina *173*
11.6 CONTROL DEL COSTE INTEGRAL DEL MANTENIMIENTO 175
11.7 DESVIACIONES DEL PRESUPUESTO DE MANTENIMIENTO 176
11.7.1 Determinación del Presupuesto de Mantenimiento *176*
11.8 CONTABILIDAD Y GESTIÓN DE COSTES EN EL MANTENIMIENTO 177
11.8.1 Precio y Estructura de Costes *178*
11.9 ANÁLISIS DE DEBILIDADES, AMENAZAS, FORTALEZAS Y OPORTUNIDADES 180

CAPÍTULO 12 CICLO DE VIDA DEL EQUIPO 181

12.1 Coste del Ciclo de Vida 182
12.1.1 Estimación del Coste del Ciclo de Vida *184*
12.2 Gestión de la Fiabilidad y Mantenibilidad en el Ciclo de Vida del Equipo 188
12.2.1 Conceptualización y Diseño *188*
12.2.2 Adquisición *189*
12.2.3 Operación y Mantenimiento *190*
12.2.4 Disposición *190*
12.3 Mantenibilidad en el Ciclo de Vida 192
12.4 Análisis del Ciclo de Vida 192
12.4.1 Etapas del Análisis del Ciclo de Vida *193*

CAPÍTULO 13 GESTIÓN DE REPUESTOS 195

13.1 Estadística de la Gestión de Repuestos 196
13.2 Aprovisionamiento de Repuestos 197
13.2.1 Aprovisionamiento Automático *199*
13.3 Codificación e Inventario 199
13.4 Repuestos Excepcionales 200
13.4.1 Repuestos Excepcionales de Seguridad *201*
13.4.2 Herramientas Especiales *202*
13.5 Repuestos para Máquina Nueva 202
13.6 Indicadores de la Gestión de Repuestos 202

CAPÍTULO 14 GESTIÓN DE RECURSOS HUMANOS EN MANTENIMIENTO 205

14.1 Especialización del Personal de Mantenimiento 206
14.1.1 Formación del Personal de Mantenimiento *206*
14.2 Personal Externo 208
14.3 Optimización de la Plantilla de Mantenimiento 209
14.4 La Seguridad en el Departamento de Mantenimiento 210
14.4.1 Responsabilidad en los Trabajos de Mantenimiento *212*
14.4.2 Indicadores de Accidentalidad *213*
14.4.3 Comportamientos Humanos Genéricos *213*
14.4.4 Advertencias Auditivas y Visuales en Mantenimiento *214*
14.4.5 Aplicación de los Principios de Gestión de la Calidad en Seguridad *214*
14.5 Productividad de los Recursos Humanos en Mantenimiento 216
14.5.1 Evaluación de Desempeño del Personal de Mantenimiento *217*

CAPÍTULO 15 MANTENIMIENTO PRODUCTIVO TOTAL 219

15.1 Características del Mantenimiento Productivo Total 221
15.2 Implantación del Mantenimiento Productivo Total 223
15.2.1 Desarrollo del Mantenimiento Productivo Total *225*
15.2.2 Los Pilares del Mantenimiento Productivo Total *230*
15.3 Métricas de Rendimiento en el TPM 233
15.3.1 Actividades Asociadas con el Éxito del Mantenimiento Productivo Total *236*
15.4 Beneficios del Mantenimiento Productivo Total 238

15.5 Limitaciones y Retos del Mantenimiento Productivo Total 240

CAPÍTULO 16 GESTIÓN DE MANTENIMIENTO ASISTIDA POR ORDENADOR 241

16.1 Implantación de la Gestión de Mantenimiento Asistida por Ordenador 244
16.2 Elementos de la Gestión de Mantenimiento Asistida por Ordenador 246
16.2.1 Base de Datos 246
16.2.2 Herramientas y Técnicas 247
16.3.2 Sistema de Soporte a la Decisión 248
16.3.4 Interfaz de Usuario 249
16.4 Limitaciones de la Gestión de Mantenimiento Asistida por Ordenador 249

BIBLIOGRAFÍA 253

NORMATIVA 257

Índice de Figuras

Figura 1 - Perspectiva temporal de la función del mantenimiento en la empresa. 19
Figura 2 – Organigrama del Departamento de Mantenimiento. 29
Figura 3 – Relación entre costes de mantenimiento y clases de mantenimiento aplicadas. 42
Figura 4 – Ventana de acción del CBM en la curva P-F. 46
Figura 5 – Árbol de decisiones para la selección del tipo de mantenimiento a aplicar......... 48
Figura 6 – Curva P-F. 55
Figura 7 – Pantallas del DCS de un motor diésel. 62
Figura 8 – Relación entre el rendimiento de la persona y su nivel de estrés. 76
Figura 9 – Diagrama de Ishikawa, método de las 6M. 84
Figura 10 – Diagrama de Pareto elaborado con los datos de la Tabla 3. 89
Figura 11 – Umbral de rentabilidad en la preparación de trabajos. 95
Figura 12 – Codificación de máquinas. 100
Figura 13 – Diagrama de red para PERT. 106
Figura 14 – Análisis PERT con holguras y camino crítico. 107
Figura 15 – Diagrama de Gantt. 108
Figura 16 – Pasos a seguir para establecer objetivos de fiabilidad. 113
Figura 17 – Ciclo *Plan - Do - Check - Act*. 120
Figura 18 – Curvas de fiabilidad e infiabilidad. 123
Figura 19 – Densidad del fallo en el período t_1 - t_2. 124
Figura 20 – Curva de la bañera. 125
Figura 21 – Parámetros de la fiabilidad. 129
Figura 22 – Redundancia en serie. 140
Figura 23 – Redundancia en paralelo. 141

Figura 24 – Relación entre costes de adquisición y mantenimiento de un equipo. 144

Figura 25 – Patrones de fallo (UNE-EN 60300-3-11). 149

Figura 26 – Curva D-I-P-F creada por Doug Plucknette desde la curva P-F 151

Figura 27 – Diagrama de decisión RCM (adaptado de UNE-EN 60300-3-11). 154

Figura 28 – Diagrama de selección de tareas de mantenimiento para equipos críticos. ... 158

Figura 29 – Diagrama de selección de tareas de mantenimiento para equipos no críticos. 159

Figura 30 – Selección del mantenimiento en función del coste integral. 167

Figura 31 – Ejemplo de matriz DAFO 180

Figura 32 – Contribución de los costes de mantenimiento y el valor residual a los costes totales de la máquina. 183

Figura 33 – Factores que influencian el coste del ciclo de vida de una máquina. 191

Figura 34 – Factores que contribuyen a la efectividad global del equipo. 234

Índice de Tablas

Tabla 1 – Tipos de mantenimiento según su momento de ejecución. 26

Tabla 2 – Símbolos básicos para la elaboración del árbol de fallos. 87

Tabla 3 – Recuento de fallos y listado ABC. 89

Tabla 4 – Ejemplo de tabla de tareas y tiempos para PERT. 105

Tabla 5 – Ejemplo de subfactores técnicos. 132

Tabla 6 – Tareas organizativas de la mantenibilidad. 134

Tabla 7 – Principios generales de fiabilidad y mantenibilidad. 135

Tabla 8 – Ejemplo de matriz de criticidad. 157

Tabla 9 – Evolución histórica del Mantenimiento Productivo Total. 220

Tabla 10 – Evolución histórica de los sistemas de Gestión del Mantenimiento Asistido por Ordenador. 243

Prólogo

La Escuela Superior de la Marina Civil de Gijón, perteneciente a la Universidad de Oviedo, desarrolla desde hace décadas una labor formativa centrada en la preparación de profesionales altamente cualificados para el sector marítimo. En un entorno como el de Gijón, con una fuerte vinculación portuaria e industrial, la economía azul constituye un ámbito estratégico de desarrollo. En ese contexto, el transporte marítimo no solo garantiza la conexión de mercados y la movilidad de mercancías, sino que también impulsa la actividad económica y la innovación tecnológica.

Dentro de la complejidad de la operación marítima, el mantenimiento de sistemas y equipos ocupa un lugar esencial. La seguridad de la navegación, la integridad de los buques y la eficiencia de las operaciones dependen en gran medida de la gestión técnica aplicada a máquinas y equipos. Un fallo en cualquiera de estos elementos puede comprometer no solo la integridad del buque y la seguridad de la tripulación, sino también la carga, el medio ambiente y la cadena logística global. Debido a esto, el mantenimiento deja de ser una tarea secundaria para convertirse en una disciplina estratégica, vinculada estrechamente a la seguridad marítima, a la protección del medio marino y a la rentabilidad de las operaciones.

Este libro sobre Gestión del Mantenimiento de Sistemas Marinos pretende ser, al mismo tiempo, una guía técnica y una herramienta de apoyo para la formación y la práctica profesional. Reúne conocimientos fundamentales y experiencias aplicadas con el objetivo de reforzar la seguridad, la fiabilidad y la eficiencia en la operación de los buques. Con ello, la Escuela Superior de la Marina Civil de Gijón reafirma su compromiso con la excelencia académica y con la preparación de profesionales capaces de afrontar los retos presentes y futuros de la economía azul y del transporte marítimo.

Rubén González Rodríguez

Director de la Escuela Superior de la Marina Civil de Gijón

Capítulo 1
Introducción

Aunque resulte sorprendente, aún a día de hoy existen empresas que utilizan el servicio de mantenimiento de forma reactiva, únicamente cuando la instalación deja de funcionar o se produce una avería.

La filosofía de actuación reactiva provoca la aparición de imprevistos que reducen considerablemente la eficiencia y el aprovechamiento de máquinas, equipos e instalaciones. Un indicador ampliamente aceptado para evaluar la eficacia del Departamento de Mantenimiento es la frecuencia de averías o paradas de las máquinas. Esta eficacia tenderá a incrementarse cuando la organización del mantenimiento sea sólida y los recursos disponibles sean adecuados.

El Departamento de Mantenimiento no debería considerarse como un simple taller de reparaciones al que los usuarios acuden cuando sus equipos presentan fallos. En términos generales, el mantenimiento puede definirse como un conjunto de técnicas y sistemas que permiten prever fallos, realizar revisiones y reparaciones eficaces, al tiempo que proporciona pautas de buen uso a los operadores y usuarios de las máquinas. Este enfoque contribuye a maximizar los beneficios de la empresa al extender la vida útil de los equipos de forma rentable.

El mantenimiento entendido como disciplina, es relativamente joven. El avance de la robotización, la creciente complejidad de las máquinas y el perfeccionamiento de la inteligencia artificial están impulsado su desarrollo y confiriéndole una mayor importancia.

1.1 La Necesidad de Implementar el Mantenimiento

Los objetivos que se persiguen al aplicar estrategias de mantenimiento a sistemas y equipos incluyen la reducción de los costes y los tiempos de indisponibilidad, principalmente mediante acciones preventivas.

Desde la Revolución Industrial, el mantenimiento de sistemas ha representado un desafío constante. Aunque se han alcanzado avances significativos en este ámbito, continúa siendo un área compleja debido a diversos factores, como la creciente sofisticación de las máquinas y los elevados costes asociados. Cada año, se destinan miles de millones de euros al mantenimiento de equipos a nivel mundial, lo que pone de manifiesto la necesidad de implementar técnicas efectivas de gestión de activos y estrategias de mantenimiento que contribuyan positivamente a factores clave de éxito, tales como la calidad, la seguridad, la producción fiable y la rentabilidad.

La fiabilidad de las máquinas y equipos ha adquirido una relevancia creciente durante las etapas de diseño y puesta en marcha de las instalaciones, dada la alta demanda de un funcionamiento satisfactorio y continuo de estos sistemas. Factores como el elevado coste de adquisición, la complejidad técnica, los requisitos legales vinculados a la seguridad y la calidad, y la competencia global desempeñan un papel fundamental en la importancia otorgada a la fiabilidad de los equipos.

Estos elementos evidencian la necesidad de que los profesionales del mantenimiento trabajen de manera planificada y continuada. Para alcanzar este objetivo con éxito, es esencial que los responsables del mantenimiento posean un sólido conocimiento técnico, habilidades organizativas y competencias en gestión económica. De este modo, muchas de las dificultades asociadas a su labor se reducirán a niveles tolerables o desaparecerán por completo, lo que favorecerá el desarrollo de sistemas más fiables y más fáciles de mantener.

1.2 Historia del Mantenimiento

El ser humano ha experimentado, desde el inicio de los tiempos, la necesidad de preservar y mantener en buen estado sus útiles y herramientas. Desde la prehistoria, el ser humano ha utilizado el sílex como materia prima esencial para la fabricación de herramientas y utensilios. Este material desempeñó un papel determinante en el desarrollo tecnológico de las primeras sociedades humanas. Sin embargo, debido a su naturaleza, requería ser afilado periódicamente para mantener su funcionalidad.

Durante el Renacimiento, el concepto de máquina alcanzó una relevancia sin precedentes, inaugurando una etapa de gran progreso técnico. Genios como Leonardo da Vinci realizaron contribuciones significativas al diseño, desarrollo y perfeccionamiento de diversas máquinas y mecanismos. No obstante, estos dispositivos requerían mantenimiento y ajustes periódicos para garantizar su correcto funcionamiento.

En la época moderna, el inicio del mantenimiento puede situarse con el desarrollo de la máquina de vapor por James Watt en 1769. En los Estados Unidos, la revista *Factory*, cuya publicación comenzó en 1882, desempeñó un papel fundamental en la evolución del conocimiento sobre mantenimiento.

En un principio, el mantenimiento no era más que una parte inevitable de la producción, simplemente se consideraba un mal necesario. Las reparaciones y los reemplazos se realizaban de manera correctiva cuando era imprescindible y no se planteaban cuestiones de optimización. Más tarde, se concibió el mantenimiento como una cuestión técnica. Esto no solo incluía la optimización de soluciones técnicas de mantenimiento, sino que también implicaba una atención mayor de la organización al trabajo de mantenimiento. Posteriormente, el mantenimiento se transformó en una función independiente, en lugar de ser una subfunción de la producción. Hoy en día, la gestión del mantenimiento se ha convertido en una función compleja, que abarca habilidades tanto técnicas como de gestión, y que sigue requiriendo flexibilidad para adaptarse al entorno dinámico de los negocios. Es por esto que la dirección de las empresas reconoce que contar con una estrategia de mantenimiento bien planificada, junto con una implementación cuidadosa de dicha estrategia, puede tener un impacto financiero significativo. En la Figura 1 se ilustra la evolución de la función que el mantenimiento ha desempeñado en el ámbito empresarial.

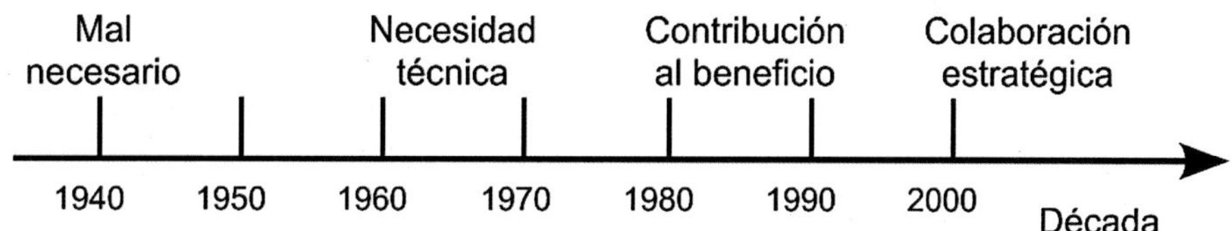

Figura 1 - Perspectiva temporal de la función del mantenimiento en la empresa.

La primera etapa del mantenimiento, comprendida desde sus inicios hasta la Segunda Guerra Mundial, se denomina Primera Generación. Durante este periodo, las empresas aún no estaban altamente industrializadas, lo que hacía que los tiempos de inactividad no fueran críticos. La simplicidad de las instalaciones permitía reparaciones rápidas, reduciendo la necesidad de personal altamente cualificado. Hasta alrededor de 1940, el mantenimiento se consideraba un coste inevitable y se limitaba exclusivamente a actuaciones reactivas; cuando un equipo fallaba, el personal de mantenimiento se encargaba de restaurarlo a su estado operativo. En el diseño de los sistemas no se contemplaba el mantenimiento ni se valoraba su impacto en el rendimiento del sistema y los resultados empresariales.

En la década de 1950, con el surgimiento de máquinas más complejas, se introdujo el concepto de mantenimiento preventivo, marcando el inicio de la denominada Segunda Generación. Aunque la mayoría de las actividades de mantenimiento seguían siendo correctivas, las empresas comenzaron a depender más de la maquinaria, lo que incrementó la relevancia de los períodos de inactividad. En este contexto, en 1957 el ingeniero L.C. Morrow publicó el primer libro sobre ingeniería de mantenimiento, *Maintenance Engineering Handbook.* Durante la década de 1960, muchas organizaciones adoptaron programas de mantenimiento preventivo, basados principalmente en la revisión completa de las máquinas a intervalos regulares, al reconocer que ciertos fallos en componentes mecánicos estaban relacionados directamente con el tiempo o el número de ciclos de uso. Esta creencia se basaba principalmente en el desgaste físico de los componentes. En ese momento, se aceptaba que las acciones preventivas podían evitar ciertos fallos y generar ahorros a largo plazo. La principal preocupación era cómo determinar, basándose en datos históricos, el período adecuado para realizar el mantenimiento preventivo. Sin embargo, no se conocían lo suficiente los patrones de fallo, lo que, entre otras razones, dio lugar a la aparición de una rama que combinaba ingeniería y estadística, la ingeniería de fiabilidad.

A mediados de los años 70 se inició la Tercera Generación, caracterizada por el acelerado cambio en las empresas y la creciente complejidad de los equipos, lo que alteró las características de fallo de los sistemas más simples debido a la superposición de los patrones de fallo de los componentes individuales. En este contexto, cuando no existía un modo de fallo dominante asociado a la edad de la máquina, el mantenimiento preventivo demostró tener un impacto limitado en la mejora de la fiabilidad de los equipos complejos. Como resultado, la efectividad del mantenimiento preventivo comenzó a ser cuestionada y evaluada con mayor detenimiento. Surgió rápidamente una preocupación común sobre el "exceso de mantenimiento". Además, a medida que la creencia en los beneficios del mantenimiento preventivo comenzaba a ser puesta en duda, surgieron nuevas técnicas de mantenimiento predictivo. Esto implicó un cambio gradual, aunque no completo, hacia acciones de mantenimiento basadas en la inspección y la monitorización de la condición del equipo. Naturalmente, el mantenimiento predictivo estaba, y sigue estando, limitado a aquellas aplicaciones en las que era tanto técnicamente viable como económicamente interesante. A favor de esta tendencia, contribuyó el hecho de que los equipos de monitorización de condición se hicieron más accesibles y asequibles.

A finales de la década de 1980 y principios de la de 1990, ocurrió una nueva fase en la historia del mantenimiento con la aparición de la ingeniería del ciclo de vida. En este enfoque, los requisitos de mantenimiento ya se consideraban en etapas tempranas del producto, como el diseño o la puesta en marcha. Como resultado, en lugar de tener que lidiar con características ya incorporadas, el mantenimiento comenzó a jugar un papel activo en la definición de los requisitos de diseño para las instalaciones y se involucró parcialmente en la selección y el desarrollo del equipo. Todo esto dio lugar a un tipo diferente de mantenimiento, mucho más proactivo, cuyo principio subyacente era anticiparse en las etapas tempranas del producto para evitar consecuencias posteriores. Además, a medida que la función de mantenimiento fue más valorada dentro de la organización, se prestó más atención a las acciones proactivas adicionales de mantenimiento. Por ejemplo, dado que los operadores están en contacto directo y regular con las instalaciones, pueden identificar intuitivamente y "sentir" las condiciones de trabajo correctas o incorrectas del equipo. Condiciones como el ruido, el olor y las vibraciones, aunque no se midan directamente, constituyen un conocimiento tácito en el Departamento de Mantenimiento para anticipar, prevenir o mitigar fallos de forma proactiva. Estas acciones, aunque no suelen ser ejecutadas directamente por el personal de mantenimiento, forman parte de la evolución estructural del mantenimiento. En este contexto, se desarrolló una metodología para determinar la tarea más eficaz para prevenir cada tipo de fallo, considerando su influencia operativa. Esto marcó el inicio de la Cuarta Generación del mantenimiento y el surgimiento del concepto de Mantenimiento Centrado en la Confiabilidad (*Reliability-Centered Maintenance*, RCM).

En las últimas décadas, el mantenimiento industrial ha evolucionado desde ser una cuestión irrelevante a convertirse en una preocupación estratégica. Pocas disciplinas dentro de la gestión industrial han experimentado tantos cambios en el último medio siglo. Durante este período, el papel del mantenimiento dentro de las organizaciones se ha transformado de manera drástica. En un principio, el mantenimiento no era más que una parte inevitable del proceso productivo; hoy en día, constituye un elemento esencial para alcanzar los objetivos empresariales. Sin lugar a dudas, la función de mantenimiento es ahora mejor percibida y valorada dentro de las organizaciones.

1.2.1 El Mantenimiento en la Actualidad

Hoy en día, las instalaciones están completamente automatizadas y son tecnológicamente complejas. En consecuencia, la gestión del mantenimiento ha tenido que volverse más compleja para hacer frente a mayores expectativas técnicas y empresariales.

A nivel tecnológico, diferentes elementos han tenido un impacto significativo en la forma de ejecutar el mantenimiento:

- Uso de sensores: Se utilizan para monitorizar el estado de un objeto y decidir el mantenimiento basado en dicha condición.

- Tecnologías de Información y Comunicación (TIC): Empleadas para acceder, almacenar, transmitir y manipular información relevante para la toma de decisiones en el mantenimiento.

Además, han surgido nuevos principios de producción y gestión, como la filosofía *Just-in-time*, los principios *Lean*, y la gestión de la calidad total, entre otros. Estas tendencias de producción tienen como objetivo reducir el desperdicio y eliminar las transacciones que no añaden valor. No es sorprendente que los inventarios en proceso (*Work in Progress*, WIP) sean uno de los principales temas de mejora. Es evidente que el almacenamiento de repuestos genera altos costes como consecuencia de la inmovilización de capital y el uso de espacio. A medida que los procesos se optimizan, los inventarios WIP ya no funcionan como un colchón para los problemas; en consecuencia, la disponibilidad y fiabilidad de los activos se vuelven cada vez más imperativas.

No es sorprendente que el mantenimiento, como función de apoyo, no sea una excepción al fenómeno de la externalización. Sin embargo, la externalización del mantenimiento de sistemas técnicos puede convertirse en un tema sensible si no se maneja con la debida diligencia. Los sistemas técnicos son únicos y específicos de cada instalación. Por ejemplo, externalizar el mantenimiento de ascensores puede ser relativamente sencillo, pero cuando se trata de un equipo crítico de la instalación, puede convertirse en un tema estratégico que debe manejarse con extremo cuidado.

El hecho de que el mantenimiento haya adquirido una mayor relevancia implica que es indispensable tener una comprensión profunda del impacto de cada una de las intervenciones de mantenimiento, o la omisión de las mismas. Un buen mantenimiento se refiere a la correcta asignación de recursos (personal, repuestos y herramientas) para garantizar una mayor fiabilidad y disponibilidad de las instalaciones. Además, un buen mantenimiento prevé y evita las consecuencias de los fallos, las cuales son mucho más importantes que los fallos en sí mismos. Un mantenimiento deficiente o nulo podría generar ahorros a corto plazo, pero tarde o temprano resultará más costoso debido a fallos inesperados, tiempos de reparación más largos y desgastes acelerados. Además, un mantenimiento deficiente o inexistente puede tener un impacto significativo en el servicio al cliente, ya que las promesas de entrega pueden volverse difíciles de cumplir. Por lo tanto, un programa de mantenimiento bien concebido es obligatorio para cumplir con los requisitos empresariales, ambientales y de seguridad.

1.3 Responsabilidades del Departamento de Mantenimiento

En términos generales, el Departamento de Mantenimiento tiene como responsabilidad principal garantizar la operatividad de las máquinas y equipos de la instalación mediante la aplicación de planes de mantenimiento compuestos de diversas técnicas. Asimismo, debe promover mejoras en los procesos y contribuir a la prolongación de la vida útil de los activos, procurando la optimización de los recursos y priorizando la seguridad y salud de los trabajadores. De manera más específica, pueden señalarse las siguientes responsabilidades:

- Definir y ejecutar el trabajo requerido asegurando que las tareas se realizan de manera oportuna y con calidad. Es fundamental saber qué se debe hacer, cuándo y cómo hacerlo de la mejor manera, y ejecutarlo correctamente desde el primer intento.

- Mantener las instalaciones en las condiciones operativas especificadas de manera segura y al menor coste posible, siempre en línea con los objetivos económicos y de calidad.

- Crear e implementar un programa integral de mantenimiento preventivo.

- Convertir el trabajo de emergencia en trabajo planificado, anticipándose a las posibles necesidades.

- Realizar reparaciones y sustituciones en intervalos que garanticen una eficiencia operativa óptima, minimizando las paradas de la instalación.

- Mejorar constantemente los métodos de trabajo de mantenimiento, priorizando el ofrecer un trabajo de alta calidad al menor coste.

- Revisar las reparaciones realizadas y cualquier circunstancia relevante con el personal responsable del manejo de la máquina intervenida antes del reinicio de las operaciones.

- Asesorar al personal de producción sobre los niveles de riesgo y los costes potenciales asociados al funcionamiento de equipos que se consideran cercanos al fallo.

- Desarrollar técnicas para predecir fallos en instalaciones críticas con un nivel razonable de precisión.

- Informar a los estamentos superiores sobre aquellas instalaciones que requieren un mantenimiento excesivo y tomar las medidas necesarias para reducir dicha necesidad.

- Controlar los costes incurridos en la realización del mantenimiento solicitado, comparando los estándares con los resultados reales para identificar desviaciones.

- Realizar análisis de los fallos repetitivos, con el objetivo de eliminar estos fallos y aislar sus causas.

- Recopilar información sobre los equipos y componentes estándar de la planta, asegurando que cumplan con los requisitos específicos de operación y mantenimiento.

- Evaluar de forma realista la redundancia necesaria, reconociendo que no todos los sistemas la requieren.

- Brindar asistencia en la puesta en marcha de nuevas máquinas, asegurando una revisión exhaustiva de los equipos antes del inicio de las operaciones.

- Proporcionar recursos para presenciar las pruebas de rendimiento en las instalaciones de los proveedores antes de aceptar las máquinas.

- Especificar criterios de fiabilidad para facilitar negociaciones eficaces con los proveedores.

- Ofrecer retroalimentación sobre el desempeño de los proveedores y materiales, destacando cualquier deficiencia identificada.

- Minimizar las cantidades de materiales en inventario, evitando acumulaciones innecesarias.

- Establecer listas de materiales que permitan la adquisición precisa de las piezas necesarias.

- Proporcionar la información necesaria para presentar reclamaciones de garantía, asegurando que los derechos contractuales sean ejercidos de manera efectiva.

Capítulo 2
El Mantenimiento en el Organigrama Empresarial

El mantenimiento de máquinas, instalaciones y equipos es un servicio hacia la empresa. Sus políticas, objetivos y forma de actuar deben alinearse con las políticas y objetivos de la empresa, evolucionando y desarrollándose en conjunto con la organización.

Esta evolución del mantenimiento ha de estar correctamente planificada y seguir directrices definidas por la empresa. Por ejemplo, si la empresa tiene como objetivo producir un determinado número de productos u ofrecer un servicio a un coste unitario específico, el Departamento de Mantenimiento deberá alinearse con este objetivo general y organizarse para que la empresa pueda alcanzarlo. Al mismo tiempo, el responsable de mantenimiento establecerá políticas y objetivos dentro de su ámbito de responsabilidad, como definir las periodicidades de revisión de equipos, realizar estudios de costes, disponibilidad de instalaciones, y capacidad del Departamento, entre otros.

Se puede definir el objetivo fundamental del Departamento de Mantenimiento como la consecución de un número determinado de horas de funcionamiento disponible de la instalación y todos sus componentes, en las condiciones de calidad exigibles, con el mínimo coste y el máximo nivel de seguridad para el personal que opera y mantiene la maquinaria, buscando además un mínimo consumo energético y un bajo impacto ambiental.

Este objetivo se sustenta en métricas conocidas como indicadores clave de rendimiento (*Key Performance Indicators*, KPI) que evalúan la efectividad del mantenimiento. Algunos de estos KPI son:

- Horas de funcionamiento de máquina.

- Calidad del servicio: Evaluada mediante el número de averías recurrentes o la disponibilidad de la máquina.

- Seguridad: Ante todo, se prioriza una operación que garantice la seguridad de las personas que operan la instalación. Los índices de frecuencia y de gravedad consideran el número de accidentes y los días de baja, respectivamente, por lo que constituyen métricas adecuadas para evaluar la ocurrencia de accidentes y la gravedad de estos en relación con las personas afectadas.

- Coste: Dependiendo de la máquina, se suele estimar un coste de mantenimiento anual que representa entre el 2% y el 12% del valor de dicha máquina.

- Eficiencia energética: Se busca minimizar las pérdidas de energía en la mayor medida posible, dado que, en última instancia, estas representan un coste adicional.

- Impacto ambiental: Prevenir cualquier forma de contaminación que pueda resultar perjudicial para el medio ambiente.

Para maximizar estos indicadores, es común que una única técnica de mantenimiento no sea suficiente, dado que las instalaciones están formadas por múltiples máquinas y equipos, cada uno con sus particularidades. Por ello, el plan de mantenimiento de una empresa se compone de varios elementos. La Tabla 1 categoriza los tipos de mantenimiento en función del momento en que son aplicados:

Tabla 1 – Tipos de mantenimiento según su momento de ejecución.

Antes del fallo	**Después del fallo**
Preventivo	Correctivo
Predictivo	Paliativo
Legal	
Ejecutables antes o después del fallo	
Detectivo	
Modificativo	
Ahorro energético y reducción del impacto ambiental	

2.1 Posición del Departamento de Mantenimiento en la Empresa

Es importante distinguir dos aspectos fundamentales en el organigrama del Departamento de Mantenimiento:

1. Posición del Departamento de Mantenimiento en el organigrama de la empresa: Se refiere al lugar que ocupa el departamento de mantenimiento dentro de la estructura general de la sociedad, empresa u organización, y cómo se relaciona con otras áreas.

2. Estructura interna del propio Departamento de Mantenimiento: Hace referencia a la organización interna del servicio, es decir, cómo se distribuyen y coordinan las funciones, cargos y responsabilidades dentro del departamento de mantenimiento.

Para poder entender donde se ubica el Departamento de Mantenimiento dentro del organigrama de la empresa se debe revisar la evolución de su papel a lo largo de los años:

- Inicios del mantenimiento: Las distintas líneas de producción solían contar con operarios que, debido a su conocimiento de las máquinas que manejaban, también asumían funciones de mantenimiento. Estas máquinas eran típicamente de baja complejidad. Así, los operarios se encargaban exclusivamente de garantizar el buen estado de las herramientas y equipos utilizados en su respectiva línea. Hoy en día, con el auge de la especialización, no es concebible utilizar este método para mantener instalaciones industriales. No obstante, sí es posible que el Departamento de Mantenimiento asigne tareas diarias a los operarios de cada máquina, con el objetivo de garantizar su limpieza y conservación. En el caso de que las atenciones a la máquina sean de una periodicidad semanal o mayor, estas responsabilidades recaerán en el Departamento de Mantenimiento.

- Segunda época: Dentro de la producción, se incluye el mantenimiento necesario para las diversas tareas. De este modo, la dirección encarga tanto el proceso productivo como el mantenimiento de las máquinas a los operarios de la línea de producción correspondiente. En el momento en que estos no alcanzaban a realizar todas las tareas de mantenimiento, bien por falta de tiempo o conocimiento, se enviaba a una cuadrilla de mantenimiento que daba servicio general a toda la instalación.

- Tercera época: En este momento el mantenimiento alcanza un desarrollo pleno. Las técnicas que emplea, el acopio de datos y la responsabilidad que se le confía le otorgan una entidad propia, convirtiéndose en un área de gran importancia que trasciende las capacidades de la línea de producción. En este momento ya surge un Departamento de Mantenimiento independiente que, si bien se integra dentro de la Dirección Técnica, opera al margen de la línea puramente productiva.

- Cuarta época: El mantenimiento pasa a formar parte de la estrategia de la empresa. Al principio era habitual que esta distribución se aplicase a grandes empresas con fábricas análogas dispersas geográficamente, así como a grupos formados por varias empresas, pero con divisiones estancas. Con esta configuración, el mantenimiento requiere estudios, ensayos, definición de repuestos y normalización para abordar situaciones comunes en las diversas instalaciones, ya sean fábricas o buques. Estas situaciones, por su complejidad, el volumen financiero que manejan y la categoría de las decisiones a tomar, superan lo que se puede delegar a cada una de estas instalaciones aisladas, incluso las más importantes. Así, se establece un órgano de mantenimiento a nivel de Dirección Técnica, que realiza los estudios pertinentes y proporciona las bases para la toma de decisiones.

Para comprender la estructura interna del Departamento de Mantenimiento en una empresa, es imprescindible analizar sus componentes esenciales y funciones principales. Este Departamento posee una organización interna diseñada para cumplir con sus objetivos de manera eficiente, apoyándose en dos pilares fundamentales: la Ingeniería y el Mantenimiento, que gestionan los aspectos técnicos y de ejecución. En un nivel estratégico superior, y debido a su relevancia económica, se encuentra la rama de Planificación y Control del Mantenimiento, encargada de garantizar la optimización de recursos y la efectividad en la ejecución de las actividades. La Figura 2 presenta un ejemplo del organigrama de un Departamento de Mantenimiento en una empresa moderna.

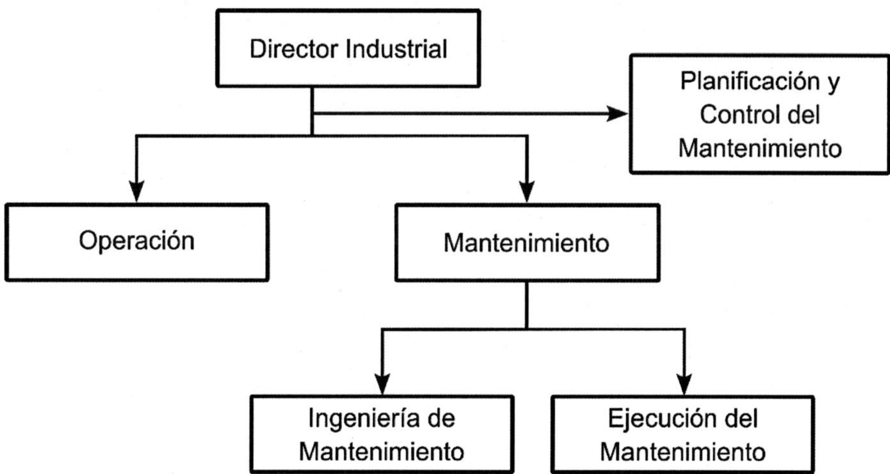

Figura 2 – Organigrama del Departamento de Mantenimiento.

2.2 Políticas de Mantenimiento

A medida que surgen nuevas técnicas y se comprenden las implicaciones económicas de las acciones de mantenimiento, se trasladan a las políticas. Existen varios tipos de políticas de mantenimiento que pueden ser consideradas para activar, de una u otra manera, intervenciones de mantenimiento preventivo o correctivo.

- Mantenimiento basado en el fallo: Se llevan a cabo tareas de mantenimiento correctivo y únicamente después de una avería. En caso de que el comportamiento de la tasa de fallos sea constante y/o los costes asociados a las averías sean bajos, esta puede ser una política adecuada.

- Mantenimiento basado en una unidad de control: El mantenimiento preventivo se lleva a cabo en base a una frecuencia determinada de una unidad de control, ya sea tiempo o ciclos de funcionamiento de la máquina. El mantenimiento correctivo se aplica cuando es necesario. Esta política de mantenimiento supone que el comportamiento de fallos es predecible y la tasa de fallos creciente. Se asume también que el mantenimiento preventivo es más económico que el correctivo.

- Mantenimiento basado en la condición: El mantenimiento preventivo se lleva a cabo cada vez que el valor de un parámetro del sistema supera un valor predeterminado. El mantenimiento basado en la condición ha ganado popularidad debido a que las técnicas subyacentes (como el análisis de vibraciones, la espectrometría de aceites, etc.) se están volviendo más accesibles y a precios más competitivos. Las tradicionales rondas de inspección en planta con listas de verificación son, de hecho, una forma primitiva de mantenimiento basado en la condición.

- Mantenimiento basado en la oportunidad: En algunos componentes, a menudo se espera a realizar el mantenimiento hasta que se presenta la "oportunidad" de repararlos junto con otros elementos más críticos. La decisión de si el mantenimiento basado en la oportunidad es adecuado depende de la expectativa de su vida útil remanente de la máquina o componente, que a su vez está relacionada con su nivel de utilización.

La selección de la política de mantenimiento se basa en consideraciones técnico-económicas. El mantenimiento basado en fallos todavía se aplica cuando el coste del mantenimiento preventivo es igual o superior al coste del mantenimiento correctivo. Además, el mantenimiento basado en la reparación del fallo suele ser útil en caso de comportamientos de fallos aleatorios, con tasa de fallos constante, ya que el mantenimiento basado en el tiempo o en el uso no logra reducir la probabilidad de fallo. En algunos casos, si existe un parámetro medible que pueda indicar la probabilidad de un fallo, el mantenimiento basado en la condición también puede ser aplicable.

Una política de mantenimiento basada en reparar fallos se aplica en instalaciones donde el mantenimiento predictivo frecuente resulta impracticable y costoso. El mantenimiento basado en el tiempo o en el uso se aplica cuando el coste del mantenimiento correctivo es más alto que el del mantenimiento preventivo, o cuando es necesario debido a la criticidad de la instalación. En caso de que la tasa de fallos sea creciente las políticas de mantenimiento basado en el tiempo y el uso son apropiadas.

Típicamente, el mantenimiento basado en la condición se aplicaba principalmente en situaciones donde la inversión en equipos de monitorización estaba justificada debido a los altos riesgos. Actualmente, el mantenimiento basado en la condición comienza a ser implantado en todo tipo de instalaciones. Esto permite una mejor gestión de repuestos a través de un soporte logístico coordinado.

2.2.1 Auto-Mantenimiento

Dentro de las políticas de mantenimiento, una nueva tendencia es el auto-mantenimiento. Esta metodología de diseño innovadora plantea que las máquinas sean capaces de monitorizarse, diagnosticar sus problemas y repararse a sí mismas, con el fin de aumentar su tiempo de funcionamiento.

El concepto que origina el auto-mantenimiento se basa en el mantenimiento funcional. Este tiene como objetivo recuperar la función requerida de una máquina en proceso de degradación mediante la compensación de funciones, mientras que el mantenimiento tradicional busca recuperar el estado físico original mediante el reemplazo de componentes defectuosos, y la limpieza, entre otros. La manera de cumplir con la función de auto-mantenimiento es añadiendo inteligencia a la máquina, de modo que ésta pueda monitorizarse y diagnosticarse a sí misma, y pueda mantener su funcionalidad durante un tiempo, incluso si ocurre algún tipo de fallo o degradación.

En otras palabras, la auto-mantenibilidad se incorporaría a una máquina existente como un sistema de razonamiento embebido adicional. Las capacidades necesarias para que una máquina sea considerada con capacidad para el auto-mantenimiento son las siguientes:

- Monitorización: El sistema debe ser capaz de monitorizar el estado del equipo utilizando sensores.

- Diagnóstico de fallos: Con los datos recogidos por los sensores, el sistema evalúa si el estado de la máquina es normal o anómalo.

- Localización de fallos y planificación de reparaciones: Si el estado de la máquina es anómalo, se deben identificar las causas de los fallos y planificar acciones de reparación.

- Ejecución de reparaciones: El mantenimiento es llevado a cabo por la propia máquina, sin intervención humana.

- Autoaprendizaje y mejora: Si los mismos problemas ocurren nuevamente, la máquina es capaz de repararse de manera más rápida y eficiente, utilizando los conocimientos adquiridos en acciones de mantenimiento previas.

Capítulo 3
Mantenimiento Correctivo

El mantenimiento correctivo constituye el primer tipo de cuidado implementado en herramientas y equipos. Desde sus inicios hasta la Segunda Guerra Mundial, las técnicas de mantenimiento reactivo fueron las predominantes, sin que se llevaran a cabo acciones de carácter proactivo. Aunque en la actualidad se aplique mantenimiento preventivo y predictivo con regularidad, ninguna instalación está exenta de averías e incidencias. Por ello, el mantenimiento correctivo sigue desempeñando un papel relevante en la industria, ya sea como parte del plan de mantenimiento o como respuesta a averías fortuitas.

De manera específica, el mantenimiento correctivo se define como aquel conjunto de actividades aplicadas sobre un activo físico en situación de avería para restituir sus capacidades operativas. Este concepto engloba un amplio espectro de tareas, que pueden ser tanto sencillas como complejas. La reparación de una máquina averiada debe realizarse en el menor tiempo posible y, generalmente, incluye las siguientes fases:

- Diagnóstico y desmontaje de piezas o conjuntos averiados.
- Búsqueda de repuestos y reparación de la avería.
- Montaje de la máquina.
- Corrección de desviaciones en elementos no constructivos de la máquina, como ajustes, montajes y dimensionamientos.
- Facilitación del mantenimiento preventivo mediante la preparación de acceso a piezas de difícil alcance o simplificando las maniobras.
- Reconstrucción de la máquina, que implica una restauración completa. Esta se considera una "puesta a cero" y suele aplicarse a máquinas que han alcanzado su período de envejecimiento.

- Recuperación de materiales provenientes de elementos que no pueden ser reparados.

Además, en una parada por mantenimiento correctivo también se pueden ejecutar tareas de mantenimiento modificativo o tomar muestras para la fabricación de piezas de repuesto de formas complejas o de difícil acceso en el mercado, como es el caso de máquinas con cierta antigüedad.

El mantenimiento correctivo se lleva a cabo de manera aleatoria, tras la ocurrencia inesperada de una avería en la máquina, la cual puede originarse por factores como el desgaste, la fatiga o una mala praxis. Las reparaciones pueden realizarse a pie de máquina o, de ser necesario, trasladando esta a un taller, según las necesidades, la ubicación de la máquina, la facilidad para moverla, etc.

Las acciones correctivas pueden clasificarse en función de su nivel de urgencia:

- Inmediata: Se refiere a aquellas intervenciones realizadas de forma inmediata tras la detección de la avería, utilizando los medios disponibles en ese momento.

- Diferida: Corresponde a aquellas acciones ejecutadas en un momento posterior a la identificación del fallo. Durante este intervalo, la máquina puede haber continuado operando con capacidades reducidas o haber permanecido fuera de servicio. Generalmente, la reparación diferida permite planificar la intervención de manera más efectiva y disponer de más recursos.

Asimismo, dentro del mantenimiento correctivo se distinguen dos tipos de reparaciones:

- Mantenimiento paliativo: Reparaciones provisionales o "de fortuna," ejecutadas en el momento de la avería con los recursos disponibles, orientadas a restaurar el servicio temporalmente, aunque sea de forma limitada.

- Mantenimiento curativo: Reparaciones definitivas, en las que se busca una restauración completa y adecuada del sistema.

En función del método empleado para realizar la reparación, las acciones correctivas pueden clasificarse en la sustitución de los elementos dañados o su reparación. La sustitución presenta la ventaja de permitir una respuesta más rápida al fallo, además de implicar un menor coste de mano de obra. Sin embargo, suele conllevar un coste más elevado en repuestos.

Por otro lado, la reparación o ajuste de los elementos dañados tiende a ser más compleja y requiere tiempos de intervención más prolongados, aunque generalmente se asocia a un coste menor en materiales.

Al ejecutar una tarea de mantenimiento correctivo, el tiempo total dedicado se compondrá de tres componentes: el tiempo destinado a procesos administrativos y logísticos, el tiempo efectivo de reparación y los retrasos que puedan surgir. Si bien es difícil controlar y optimizar el tiempo debido a retrasos, las tareas administrativas y logísticas pueden minimizarse con una correcta planificación. Respecto a la optimización del tiempo de reparación, se pueden tomar las siguientes medidas:

- Mejorar la accesibilidad: A menudo se dedica una cantidad significativa de tiempo en acceder a las piezas fallidas.

- Mejorar la intercambiabilidad: La intercambiabilidad funcional y física efectiva es un factor importante que reduce el tiempo dedicado al mantenimiento correctivo.

- Mejorar el reconocimiento, localización y aislamiento del fallo: Dentro de una actividad de mantenimiento correctivo, el reconocimiento, localización y aislamiento de fallos son los aspectos que consumen más tiempo.

- Considerar los factores humanos: La selección y ubicación de indicadores y diales, el tamaño, forma y peso de los componentes, la legibilidad de las instrucciones, los medios de procesamiento de información y el tamaño y ubicación de accesos y puertas, puede ayudar a reducir significativamente el tiempo de mantenimiento correctivo.

- Emplear redundancia: Si el sistema tiene componentes redundantes que puedan ser conmutados durante la reparación de piezas defectuosas, la instalación podrá seguir funcionando. En este caso, aunque la carga general de mantenimiento no se reduzca, el tiempo de inactividad del equipo podría verse reducido.

El mantenimiento correctivo puede resultar adecuado en ciertas instalaciones, ya que, si se aplica de forma correcta, presenta un bajo coste y no requiere más planificación que garantizar una reserva suficiente de repuestos. No obstante, este tipo de mantenimiento no previene los fallos, lo que puede ocasionar paradas intempestivas de toda la instalación y provocar daños secundarios.

Si bien el mantenimiento correctivo siempre será necesario en una instalación, dado que resulta prácticamente imposible anticiparse a todos los fallos, una correcta implementación de los mantenimientos preventivo y predictivo reducirá las tareas correctivas al mínimo, disminuyendo así la carga de trabajo no programado.

3.1 Contratación Externa del Mantenimiento Correctivo

La tendencia actual se orienta a reducir los equipos internos dedicados al mantenimiento cotidiano de la instalación y subcontratar el resto de las tareas de mantenimiento. Este enfoque permite disponer de la fuerza laboral necesaria en cada momento, adaptándose al nivel de producción y evitando sobrecostes. En algunos casos, la subcontratación resulta ventajosa, ya que posibilita contar con personal altamente especializado en determinados campos. Al subcontratar el mantenimiento, se pueden encontrar dos tipos de empresas:

- Empresas con localización fija: Debido a su método de trabajo o a los equipos necesarios para realizar el mantenimiento, los equipos de la instalación se trasladan a los talleres de la empresa, donde se revisan y reparan antes de ser devueltos a la planta para su montaje. En este caso, es fundamental considerar los tiempos de traslado de los materiales a revisar, así como los horarios y fechas en que estos talleres ofrecen sus servicios, ya que, en caso de reparaciones de emergencia, estos factores pueden ralentizar la reparación de la avería.

- Empresas de mantenimiento con servicios in situ: Estas empresas envían su equipo técnico y personal a la instalación del cliente para realizar los trabajos directamente en el lugar. Muchas de estas empresas ofrecen servicios en cualquier momento del año, pagando el cliente un sobrecoste si la intervención ha de realizarse en fines de semana o festivos.

La elección de uno u otro método dependerá del trabajo a realizar, del nivel de especialización requerido y de la disponibilidad temporal. Al establecer acuerdos con empresas externas de mantenimiento, se puede optar por dos modalidades:

- Contrato: En esta modalidad, se especifica una serie de trabajos a realizar en un período de tiempo determinado. Generalmente, se incluyen cláusulas sobre el suministro de repuestos, y sobre pruebas y ajustes auxiliares a las tareas de mantenimiento. Este acuerdo suele tener un precio cerrado previamente.

- Administración: En esta modalidad, se contrata a la empresa para realizar un trabajo específico, pero, a diferencia del contrato, la empresa externa factura por hora trabajada. Esta modalidad puede ser ventajosa para trabajos puntuales donde no se busca establecer una relación continua, aunque suele resultar más costosa.

Dentro de la subcontratación del mantenimiento de equipos industriales, se pueden identificar diversas modalidades, las cuales dependen de la necesidad y la criticidad del equipo en cuestión. La forma más sencilla, y también la más común, de externalización es la denominada "externalización operativa". En este nivel, se subcontrata una tarea específica, y la relación entre el proveedor y el cliente se limita a una transacción comercial. El impacto en la organización interna del cliente es, por lo tanto, limitado.

A medida que la externalización avanza en la jerarquía organizativa, la relación entre proveedor y cliente evoluciona, y en ciertos casos puede ser necesario recurrir a la externalización táctica. En este nivel, el cliente asume conjuntamente con el proveedor la responsabilidad de la gestión, lo que da lugar a una forma de asociación más estrecha. Como consecuencia, el impacto en la estructura interna de la organización del cliente también se amplía.

Finalmente, para los servicios de mantenimiento en las máquinas de mayor criticidad, se implementa una modalidad más compleja de externalización, conocida como "externalización estratégica". En este caso, se lleva a cabo una externalización total: el departamento de mantenimiento se separa del cliente y se transfiere al proveedor. La relación entre ambos actores se transforma en una asociación en la que el cliente delega por completo al proveedor una de sus actividades estratégicas de mantenimiento. Este nivel de externalización, sin embargo, es menos frecuente que los anteriores.

Antes de subcontratar el mantenimiento total o parcial de la instalación, es necesario valorar las desventajas, especialmente la pérdida de control que puede generarse. La tendencia natural al subcontratar un trabajo es despreocuparse de su ejecución, sin embargo, la instalación sigue siendo propiedad de la empresa. Una mala ejecución del mantenimiento por parte de la empresa contratada puede conllevar costes extraordinarios debido al envejecimiento prematuro de los equipos o la necesidad de reparaciones imprevistas. Para mitigar este problema, se puede acordar con la empresa contratada la realización periódica de auditorías técnicas y de calidad, las cuales estarán a cargo del Departamento de Mantenimiento de la propiedad. Este Departamento será responsable de evaluar si los estándares de trabajo son adecuados. La periodicidad de estas auditorías se detalla habitualmente en el documento denominado Plan Anual de Auditoría.

Capítulo 4
Mantenimiento Preventivo

El mantenimiento preventivo tiene como objetivo principal evitar el fallo de los equipos. Para ello, se llevan a cabo intervenciones proactivas que se adelantan a la aparición de la avería, manteniendo los equipos operativos y permitiendo programar las paradas de mantenimiento con suficiente margen. En la actualidad, constituye uno de los pilares fundamentales en los planes de mantenimiento de cualquier instalación, ya que contribuye a reducir los períodos de inactividad no deseada y a disminuir los costes asociados.

En términos generales, el mantenimiento preventivo implica la realización de intervenciones planificadas, que en ocasiones se ejecutan incluso cuando el equipo aún conserva su capacidad operativa. Estas intervenciones pueden ser tan simples como la limpieza de filtros o tan complejas como la detección de fugas de gas. Otro de los objetivos del mantenimiento preventivo es identificar aquellas deficiencias que requieran mantenimiento correctivo.

En comparación con el mantenimiento correctivo, el mantenimiento preventivo incrementa la fiabilidad de las máquinas, reduce la tasa de fallos y mejora su operatividad. Al evitar fallos, especialmente aquellos de carácter catastrófico, este tipo de mantenimiento prolonga la vida útil de los equipos, disminuye los costes de reparación y optimiza la gestión del stock de repuestos al eliminar la necesidad de almacenar una amplia variedad de piezas para prevenir cualquier avería. Además, este enfoque permite planificar las tareas y evitar sorpresas.

No obstante, el mantenimiento preventivo requiere una inversión inicial más elevada respecto al correctivo y su implementación debe estar supervisada por técnicos especializados. Uno de los aspectos clave en su planificación es determinar la proporción adecuada de intervenciones preventivas, ya que un uso excesivo de esta técnica, especialmente si se aplica en componentes no críticos, podría aumentar significativamente los costes de mantenimiento sin aportar mejoras sustanciales en la disponibilidad de los equipos. Asimismo, un problema inherente al mantenimiento preventivo es que genera indisponibilidad en las máquinas, ya que, en la mayoría de las intervenciones, estas deben permanecer fuera de operación para ejecutar las tareas planificadas.

Parte de la inversión inicial necesaria para implementar el mantenimiento preventivo se destina a la monitorización de los equipos de la instalación. Por ejemplo, es imprescindible registrar los valores que presentan los equipos en parámetros como:

- Presión.
- Temperatura.
- Pérdidas de carga.
- Consumos energéticos.
- Desgaste.
- Vibración.
- Intensidad de corriente y aislamiento eléctrico.
- Ruido.

Ante cualquier desviación en los valores presentados por estas variables, se deberá actuar con la eficacia necesaria para evitar defectos de mayor magnitud que podrían surgir por la operación de la instalación fuera de sus condiciones de diseño. En resumen, el método consiste fundamentalmente en:

- Identificar el parámetro que mejor defina la seguridad con la que se está desarrollando el proceso. En máquinas complejas puede indentificarse más de un parámetro de control.
- Asignar el rango de valores aceptable que debe tener el parámetro de control (niveles de alerta y de acción).
- Dotar a la instalación de los instrumentos de medida adecuados para conocer los valores reales del parámetro de control y, en consecuencia, predecir el fallo.
- Organizar el mantenimiento de manera que, de forma sistemática, se detecten las desviaciones entre los valores reales y los deseables de cada magnitud controlada, y se actúe para restablecer la máquina a valores que no resulten perjudiciales.

En máquinas alternativas y rotativas, las diferentes anomalías de funcionamiento, desgaste o roturas producen una alteración en ciertas variables que pueden medirse. El mantenimiento predictivo cuantifica, habitualmente con la máquina en marcha, dos tipos de variables:

- Aquellas que informan sobre el funcionamiento de la máquina e incluyen aspectos como puesta a punto, fallos, temperatura, presión, etc.

- Por otro lado, existen variables que informan sobre el estado de sus partes mecánicas, como desgaste, holguras excesivas, etc.

El primer grupo de variables permite, tras un adecuado análisis, realizar las correcciones necesarias para que la máquina retorne a su estado de funcionamiento original. En cambio, el segundo grupo indica el estado de las partes mecánicas de la máquina. Este último requiere un análisis inicial para identificar cada fenómeno y posteriores análisis para monitorizar su evolución.

Para controlar esta evolución, se debe establecer un programa de análisis cuyo período dependerá del tipo de máquina, con una frecuencia que habitualmente oscila entre los 15 y los 120 días. A partir de estos controles periódicos, es posible realizar ajustes en el régimen de operación y prever el reemplazo de componentes de la máquina antes de que lleguen a provocar fallos importantes. Esto minimiza el tiempo de inactividad del equipo, reduce las emergencias y, por tanto, optimiza el coste y la disponibilidad de las máquinas.

El mantenimiento preventivo se aplica habitualmente a equipos cuya probabilidad de fallo aumenta con el tiempo y el uso. En estos casos, el comportamiento del equipo sigue un patrón predecible, lo que permite programar intervenciones basadas en datos estadísticos y en las recomendaciones proporcionadas por el fabricante. Por el contrario, si un equipo presenta fallos de manera aleatoria, se excluye del mantenimiento preventivo, dado que no es posible identificar un patrón que permita anticipar las averías. En estas situaciones, resulta más eficiente recurrir a otras estrategias de mantenimiento, como el correctivo o el predictivo, según corresponda. Cuando los costes asociados a la ejecución del mantenimiento preventivo en un equipo superan significativamente su valor económico o las consecuencias del fallo no justifican la inversión, esta estrategia de mantenimiento también se descarta. En tales casos, resulta más eficiente optar por el mantenimiento correctivo, que se adecua mejor a la relación coste-beneficio del equipo en cuestión. La Figura 3 muestra la relación entre la cantidad de mantenimiento aplicado y su coste. Se observa que la aplicación exclusiva de mantenimiento correctivo o únicamente proactivo no constituye la estrategia más adecuada. El punto óptimo se alcanzará combinando ambos tipos de mantenimiento.

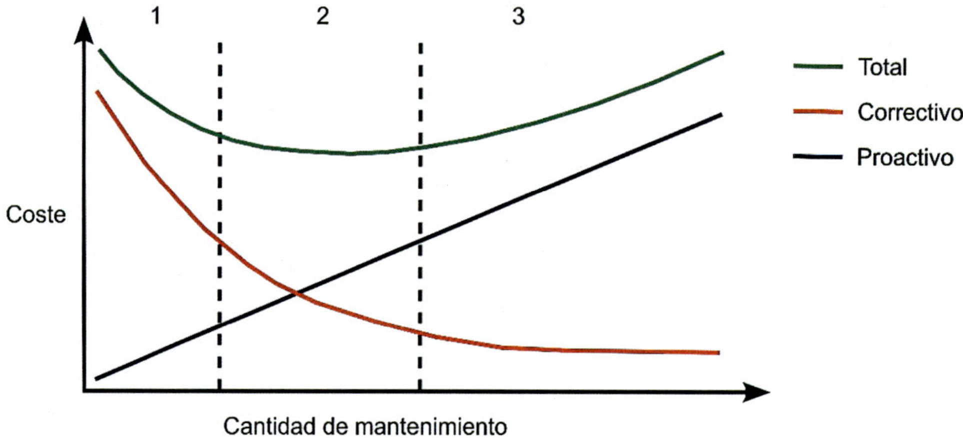

Figura 3 – Relación entre costes de mantenimiento y clases de mantenimiento aplicadas.

Algunos de los elementos que conforman el mantenimiento preventivo son:

- Inspección y limpieza: Control periódico de los elementos para determinar su estado operativo, comparando sus características físicas, mecánicas, eléctricas u otras con los estándares establecidos.

- Servicio: Ejecución de tareas periódicas como lubricación, carga o limpieza de materiales o elementos para prevenir fallos incipientes.

- Ajuste: Realización de ajustes periódicos en los elementos variables especificados para lograr un rendimiento óptimo.

Estas tres tareas se conocen como mantenimiento de primer nivel o entretenimiento de máquina, y suelen ser realizadas por el operador de la instalación. Además de las tareas de entretenimiento, el mantenimiento preventivo también incluye actividades como:

- Calibración: Detección y ajuste de cualquier discrepancia en la precisión del parámetro en comparación con el valor estándar establecido.

- Pruebas: Realización de pruebas periódicas para determinar la operatividad y detectar degradaciones mecánicas o eléctricas.

- Instalación: Reemplazo periódico de elementos con vida útil limitada o aquellos que experimenten degradación por ciclos de tiempo o desgaste, manteniendo los niveles de tolerancia especificados.

4.1 Clases de Mantenimiento Preventivo

Dentro de este tipo de mantenimiento se encuentran las denominadas clases, cada una con una peculiaridad específica que las hace adecuadas para un tipo particular de tarea. Estas clases se distinguen entre sí por el tipo de control que ejercen sobre el estado de la máquina, los recursos empleados y su cantidad.

4.1.1 Mantenimiento en Uso

El mantenimiento en uso tiene como objetivo formar y, posteriormente, responsabilizar a los propios usuarios de la instalación en la conservación y mantenimiento en servicio de los equipos que utilizan. De este modo, determinados trabajos de conservación e incluso pequeñas reparaciones, compatibles con sus tareas habituales, son realizados por los usuarios, bajo la supervisión y control externo del Departamento de Mantenimiento. Esta clase de mantenimiento resulta especialmente interesante por su rentabilidad y está integrada en métodos más complejos, como el Mantenimiento Productivo Total.

Con esta clase de mantenimiento se logrará que las tareas sencillas de ejecución periódica se realicen a su debido tiempo, se motivará a los trabajadores al hacerlos, en cierta medida, responsables del funcionamiento de las máquinas que operan, y se reducirá la carga de trabajo del Departamento de Mantenimiento, al delegar en los usuarios tareas sencillas y rutinarias que no requieren de grandes recursos para ser ejecutadas.

A modo de ejemplo, algunas de las tareas típicas que se pueden encuadrar dentro del mantenimiento en uso son engrases, aprietes, comprobación de temperaturas e inspección visual. En este sentido, el Departamento de Mantenimiento, como experto en el control de equipos e instalaciones, proporcionará las indicaciones pertinentes a los operadores para que puedan llevar a cabo dichas tareas.

4.1.2 Mantenimiento Preventivo Sistemático

Esta clase de mantenimiento, también conocida como *Mantenimiento Hard Time*, consiste esencialmente en la revisión total del componente, pieza o máquina a intervalos programados, incluso si no ha habido fallos en el mismo. La condición fundamental es que, después de cada revisión, el componente o conjunto debe quedar en condiciones de ofrecer un período de funcionamiento de duración equivalente, es decir, como si fuera nuevo, desde el punto de vista del servicio que debe prestar. Para cumplir con esta clase de mantenimiento, es habitual tener que llevar a cabo las siguientes tareas:

- Desmontaje del componente de la máquina en el cual se encuentra instalado.
- Llevar a cabo una revisión del componente en un taller utilizando los medios adecuados, o bien sustituirlo sistemáticamente por uno nuevo.
- Asegurarse de contar con repuestos fiables y con los medios de inspección o comprobación que garanticen completamente su función.
- Realizar el desmontaje a intervalos regulares. Estos intervalos se establecerán en una unidad de medida (horas, número de maniobras, kilómetros) para la cual se cuente con los medios de monitorización necesarios.

Este tipo de mantenimiento requiere una inversión significativa y presenta el inconveniente de que la sustitución sistemática de componentes puede provocar, en muchos casos, el desaprovechamiento de una vida útil residual difícil de prever (el componente podría haber continuado funcionando durante más horas). Aun así, este tipo de mantenimiento se emplea con frecuencia en maquinaria crítica o en aquella que pueda generar cuellos de botella en la producción, dado que una parada de planta implicaría un coste significativamente mayor.

El problema del aprovechamiento incompleto de los componentes puede mitigarse al avanzar desde el mantenimiento preventivo basado en intervalos fijos hacia el mantenimiento predictivo. En la actualidad, el abaratamiento de los equipos de inspección ha facilitado la monitorización de componentes, haciéndola más accesible y eficaz.

4.1.3 Mantenimiento Basado en la Condición

El mantenimiento basado en la condición (*Condition Based Maintenance*, CBM) apareció por primera vez a finales de la década de 1940 en la *Rio Grande Railway Company*, como método para detectar fugas de refrigerante y combustible en el aceite lubricante de un motor diésel.

El CBM se distingue del mantenimiento preventivo sistemático en que este utiliza la monitorización de parámetros específicos del equipo relacionados directamente con su degradación y la aparición de fallos. Mientras que en el mantenimiento preventivo basado en horas de uso la estrategia para reducir la probabilidad de fallos es la sustitución anticipada, lo que conlleva el descarte de una parte significativa de la vida útil restante del componente, el CBM permite optimizar el uso de los recursos al realizar intervenciones únicamente cuando el estado del componente lo requiere.

A través de técnicas de adquisición de datos, generalmente no intrusivas, el CBM evalúa el estado del equipo en tiempo real, lo que permite al Departamento de Mantenimiento intervenir únicamente cuando los parámetros superan los límites permisibles. Este tipo de mantenimiento, que se sitúa comúnmente en la fase final de la curva P-F, parte del principio de que el fallo no ocurre de manera súbita, sino que está precedido por síntomas detectables. Así, el CBM prioriza el mantenimiento de los componentes o equipos en función de las necesidades identificadas en inspecciones periódicas, realizadas a intervalos predefinidos, en lugar de aplicar mantenimiento sistemáticamente a una frecuencia definida. Esto maximiza la disponibilidad del equipo y contribuye a la reducción de stocks. La Figura 4 muestra la ventana de acción del CBM.

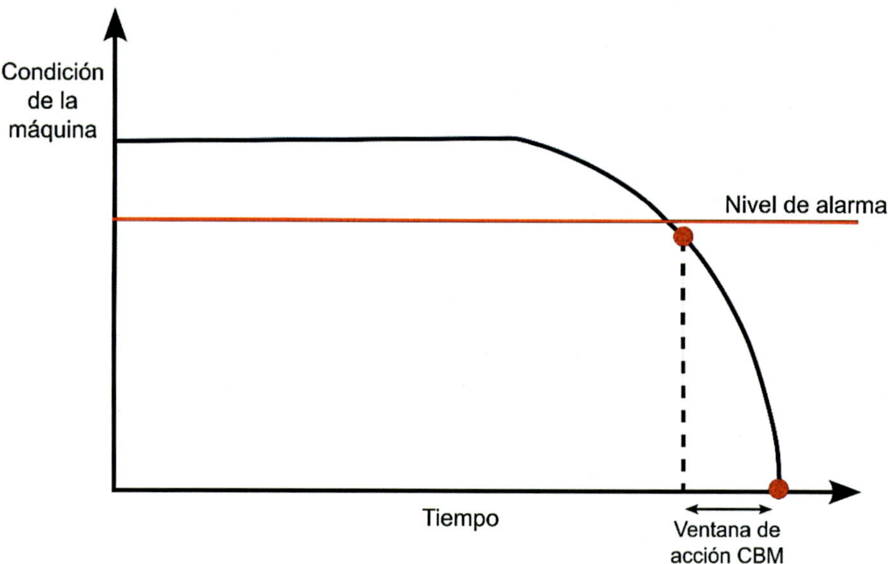

Figura 4 – Ventana de acción del CBM en la curva P-F.

En la imagen se puede apreciar que la ventana de acción comienza poco después de alcanzar el nivel de alarma. Aunque en teoría esta ventana podría abrirse exactamente en el momento en que el parámetro alcanza dicho umbral, en la práctica resulta poco probable que la inspección de la máquina coincida con este instante. A ello se suman factores como la precisión y la calibración de los equipos de medición, que pueden influir en la detección oportuna del valor crítico.

Para determinar el momento óptimo para proceder a la revisión o reemplazo de un componente, se pueden emplear dos procedimientos:

- Inspecciones in situ: Estas se llevan a cabo directamente sobre la máquina, sin necesidad de desmontar el componente. Por ejemplo, pueden evaluarse el estado de desgaste de piezas visibles o las pérdidas en un sistema hidráulico. Este procedimiento solo conduce al desmontaje del componente si, tras la inspección, se considera estrictamente necesario.

- Datos de condición: Este método implica la recopilación y análisis de datos relacionados con el funcionamiento del componente, como consumos de aceite y combustible, análisis de aceite, o el registro de variables como presión, temperatura o vibraciones, entre otros. Su objetivo principal es deducir el estado operativo del componente mientras se asegura el funcionamiento continuo de la máquina.

El mantenimiento basado en la condición permite a los operadores conocer el estado de salud de la máquina en tiempo real, facilitando la planificación de intervenciones de mantenimiento según las condiciones de la instalación. De esta forma se eliminan revisiones, reparaciones y paradas innecesarias, lo que contribuye a mejorar la disponibilidad de la máquina, prolongar la vida útil de los componentes y minimizar los posibles errores humanos durante la manipulación.

Además, el CBM trabaja con dos conceptos, diagnóstico y pronostico. El diagnóstico evalúa el estado de un elemento que aún no está defectuoso, pero presenta condiciones de fallo incipiente que hace que, aunque la máquina aún se encuentra en estado operativo, ya ha entrado en fase de degradación. Por su parte, el pronóstico se refiere a la estimación de la vida útil restante de un componente para una tarea específica, una vez que se ha detectado un fallo inminente. Según la norma ISO 13381-1 - *Condition monitoring and diagnostics of machines – Prognostics*, el pronóstico se define como *la estimación del tiempo de funcionamiento o de la vida útil restante antes de que ocurra un fallo.*

A pesar de las ventajas del CBM en cuanto a la reducción de fallos y la prolongación de la vida útil de los componentes, su implementación implica un coste adicional debido al uso de tecnologías como equipos de medida y sensores para la recopilación de datos, análisis avanzado y modelado predictivo. En consecuencia, aunque el CBM resulta preferible para equipos costosos por los beneficios económicos a largo plazo, el mantenimiento preventivo basado en el tiempo de uso sigue siendo más adecuado para maquinaria de bajo coste.

4.2 Rentabilidad y Uso del Mantenimiento Preventivo

A pesar de las ventajas que ofrece el mantenimiento preventivo, su aplicación conlleva un coste significativo, principalmente en términos de mano de obra y lubricantes. Esto es porque el engrase de máquinas es necesario independientemente de que se apliquen políticas de mantenimiento preventivo o no.

A la hora de decidir si a una máquina se le debe aplicar mantenimiento predictivo, puede utilizarse el siguiente árbol de decisiones (Figura 5):

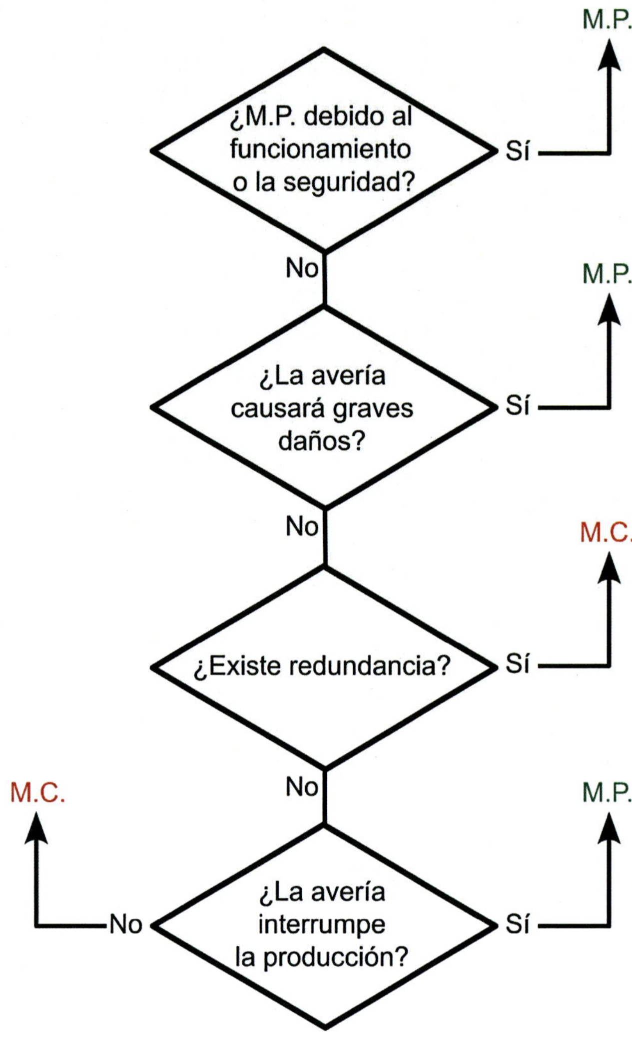

Figura 5 – Árbol de decisiones para la selección del tipo de mantenimiento a aplicar.

El factor de mantenimiento preventivo (PM) se calcula según la Ecuación 1:

$$PM = \frac{(C_{averías} + C_{fallos} + C_{inducido})}{C_{revisiones}} \quad (1)$$

Donde:

- $C_{averías}$: Coste anual total de las averías de la máquina a estudiar.
- C_{fallos}: Coste de fallo anual de la máquina.
- $C_{inducido}$: Coste inducido anual en otros equipos.
- $C_{revisiones}$: Coste medio anual estimado de las revisiones. Este se calcula mediante la Ecuación 2:

$$C_{revisiones} = N_{revisiones} * Tiempo_{rev_{medio}} * Tarifa_{hora} \quad (2)$$

Siendo:

- $N_{revisiones}$: El número de revisiones de la máquina efectuadas durante el período de estudio.
- $Tiempo_{rev_{medio}}$: Media de los tiempos empleados en cada revisión de la máquina realizada durante el período de estudio.
- $Tarifa_{hora}$: Coste por hora de realizar la revisión de la máquina.

4.3 Elaboración de un Programa de Mantenimiento

El desarrollo de un programa efectivo de mantenimiento preventivo requiere disponer de las herramientas adecuadas, registros históricos del equipo, personal cualificado, manuales de servicio y recomendaciones del fabricante, así como datos previos de equipos similares. Un programa de mantenimiento preventivo efectivo puede desarrollarse en un corto periodo de tiempo siguiendo los pasos que se enumeran a continuación:

- Identificar y seleccionar las áreas de actuación: Se deben seleccionar una o dos áreas de la instalación donde concentrar el esfuerzo inicial de mantenimiento preventivo. El objetivo principal de este paso es obtener resultados visibles en equipos clave.

- Definir los requisitos de mantenimiento preventivo: Se deben listar las necesidades de mantenimiento preventivo y desarrollar un cronograma distinguiendo dos tipos de tareas: inspecciones diarias de mantenimiento preventivo y tareas periódicas.

- Determinar la frecuencia de las tareas de mantenimiento preventivo: Se debe establecer la frecuencia de las tareas revisando los registros históricos de cada equipo. La frecuencia dependerá de lo establecido en las recomendaciones del fabricante y la experiencia del personal familiarizado con el equipo.

- Preparar las tareas de mantenimiento preventivo: Se deben elaborar listados con las tareas diarias y periódicas de manera eficiente, evitando tiempos muertos.

- Programar las tareas de mantenimiento preventivo: Se deben organizar las tareas definidas previamente y cubrir un periodo de 12 meses que permita planificar paradas, vacaciones del personal y otros eventos.

- Expandir el programa de mantenimiento preventivo según sea necesario: Con la experiencia adquirida en el desarrollo del programa de mantenimiento en las áreas clave se expande al resto de la instalación.

El alcance del programa de mantenimiento preventivo es de gran importancia y debe incluir más que la simple realización de la tarea asignada. Una de las herramientas más efectivas que la gestión del mantenimiento puede utilizar para mejorar la fiabilidad de los equipos es fomentar una estrecha implicación por parte de los técnicos de mantenimiento. Incluso cuando el mantenimiento preventivo se limita a una tarea aparentemente sencilla, como engrasar un acoplamiento, el plan debe especificar que el técnico también debe observar cualquier condición inusual del equipo. El programa debe facultar al técnico para realizar pequeños ajustes o reparaciones en el equipo durante la ejecución de la tarea, siempre que no requiera coordinaciones adicionales con otros técnicos ni el uso de herramientas especiales. En caso de que sea necesario, el técnico debe redactar una nueva orden de trabajo para cualquier deficiencia del equipo que implique una cantidad significativa de tiempo o que requiera coordinación con otros técnicos para su resolución. Una de las tareas principales de cualquier orden de trabajo debe ser identificar aquellas situaciones que requieran mantenimiento correctivo.

Los planes de mantenimiento preventivo deben incluir, siempre que sea posible dentro de la cultura de mantenimiento vigente, la limpieza general y el desengrase del equipo. La limpieza contribuye de diversas maneras, siendo una de las más importantes la reducción de fuentes de contaminación y la capacidad de las superficies limpias para revelar la presencia de nuevas fugas. El acto mismo de limpiar acerca a los técnicos al equipo, favoreciendo la observación de posibles defectos.

4.3.1 Implantación del Programa de Mantenimiento Preventivo

Una vez decidido aplicar mantenimiento preventivo a una máquina o instalación determinada, es necesario realizar trabajos previos para su implementación. Estos son:

1. Codificación de las máquinas y equipos.

2. División de la máquina en grupos funcionales o de proceso, con el fin de agrupar tareas de mantenimiento en la medida de lo posible.

3. División de estos grupos funcionales en segmentos asignados a equipos específicos (mecánicos, electrónicos, instrumentistas, etc.).

4. Categorización de revisiones y cambios para cada máquina. Se debe indicar el estado de la máquina necesario para efectuar cada trabajo (en funcionamiento, máquina parada, desmontaje).

5. Elaboración de boletines de mantenimiento que especifiquen cada grupo funcional, los segmentos a revisar, y la frecuencia de las revisiones. De ser posible, se incluirán indicaciones sobre el tiempo estimado para realizar cada tarea.

6. Establecimiento de programas específicos de revisión, cambio de elementos fungibles y rutinas de engrase.

7. Determinación de la plantilla necesaria para llevar a cabo todas las tareas programadas. Es fundamental reservar un porcentaje de horas-hombre de la plantilla para tareas de emergencia y mantenimientos correctivos.

Capítulo 5
Mantenimiento Predictivo

El mantenimiento predictivo se define como el conjunto de técnicas de medición y análisis que permiten la predicción de fallos, aumentando el tiempo de uso de los componentes reemplazables, reduciendo costes e incrementando la disponibilidad de un sistema. Se podría decir que es un proceso que incluye tres etapas: en la primera se realiza un control para la detección de alteraciones en un parámetro característico de la máquina, ya sea mediante medición manual con equipos portátiles o mediante un sistema de monitorización continua. Para que esta primera etapa se pueda dar, debe existir una correlación entre el mecanismo de fallo de la máquina o componente y un parámetro característico de funcionamiento que se relacione con este y que sea medible. Todo ello unido a la existencia de tecnología de medida y análisis para ese parámetro. En segundo lugar, se analizan no solo los datos recogidos durante la última medición sino las tendencias que ese parámetro ha ido tomando en las últimas inspecciones, lo que puede dar una idea de lo próxima que puede estar una situación de fallo. Para esto, el período de tiempo entre la aparición del síntoma y la ocurrencia del fallo debe ser suficientemente largo como para permitir la actuación deseada. Este tipo de actuaciones no será posible en fallos súbitos. La tercera etapa sería la fase de sustitución del elemento antes del fallo, pero de una manera programada y sin que afecte al proceso industrial.

La idea es que la tecnología permite detectar problemas en los equipos mucho antes que los métodos tradicionales. Para ello, se emplean instrumentos de medición de múltiples variables y se analiza posteriormente tanto el nivel registrado como la tendencia observada en inspecciones previas. Con estas mediciones, es posible pronosticar el punto de rotura o fallo de los componentes, lo que permite programar la reparación antes del fallo, sin perder horas de uso en componentes aún en buen estado, como ocurre en el mantenimiento preventivo. Por este motivo, resulta imprescindible que las máquinas y equipos dispongan de variables que puedan ser monitorizadas durante su vida útil.

En los inicios del mantenimiento preventivo, se utilizaban equipos portátiles y voluminosos. Sin embargo, en la actualidad, los sensores pueden instalarse de manera fija en cada equipo y centralizar la recolección de datos. Es común que los equipos críticos de una planta cuenten con sistemas de monitorización de múltiples variables, como vibración, temperatura, presión o consumo. La información recopilada periódicamente por estos sensores se almacena en ordenadores que permiten realizar análisis estadísticos detallados, lo que constituye la base del mantenimiento basado en la condición (CBM). En aquellas empresas cuya producción o servicios dependan principalmente de la maquinaria, y donde las inversiones realizadas son significativas, como ocurre en instalaciones altamente automatizadas, plantas de una sola línea o aquellas de proceso continuo, el uso del mantenimiento basado en condición es fundamental para evitar paradas imprevistas de la planta.

El mantenimiento predictivo considera la criticidad del equipo en la instalación, los costes de reparación y las condiciones de trabajo habituales de la máquina. Los parámetros a monitorizar son aquellos que pueden detectar fallos potenciales con suficiente antelación. Habitualmente, se configuran diferentes niveles de alerta por cada parámetro: primero avisos, luego alarmas, e incluso paradas automáticas en equipos críticos si se superan valores que puedan comprometer la integridad de la máquina. Los sistemas más avanzados también analizan las tendencias creadas por los valores registrados, permitiendo predecir cuándo se excederán los niveles establecidos.

Una vez seleccionados los equipos susceptibles de mantenimiento predictivo y definidos los parámetros a monitorizar, es necesario establecer la periodicidad de las inspecciones. Aunque los sistemas modernos permiten una monitorización casi continua, algunas pruebas no disponen de esta capacidad y requieren inspecciones periódicas realizadas por el personal de mantenimiento. En estos casos, la frecuencia mínima de las inspecciones debe definirse en función de la curva P-F del equipo. La curva P-F es una representación gráfica utilizada en el mantenimiento predictivo para ilustrar el intervalo de tiempo entre la detección inicial de un posible fallo, denominado punto P, y el punto de fallo funcional, conocido como punto F, en un equipo. El objetivo del Departamento de Mantenimiento es identificar el fallo potencial lo más temprano posible dentro de este intervalo P-F, permitiendo así una intervención anticipada.

Una vez identificado un posible punto P en una máquina, pueden adoptarse dos acciones: prevenir el fallo, mediante la sustitución de los componentes afectados, o mitigar las consecuencias del fallo, cuando no sea posible detener la máquina. En este último caso, los esfuerzos se centrarán en garantizar redundancias y planificar la reparación. La Figura 6 muestra una curva P-F.

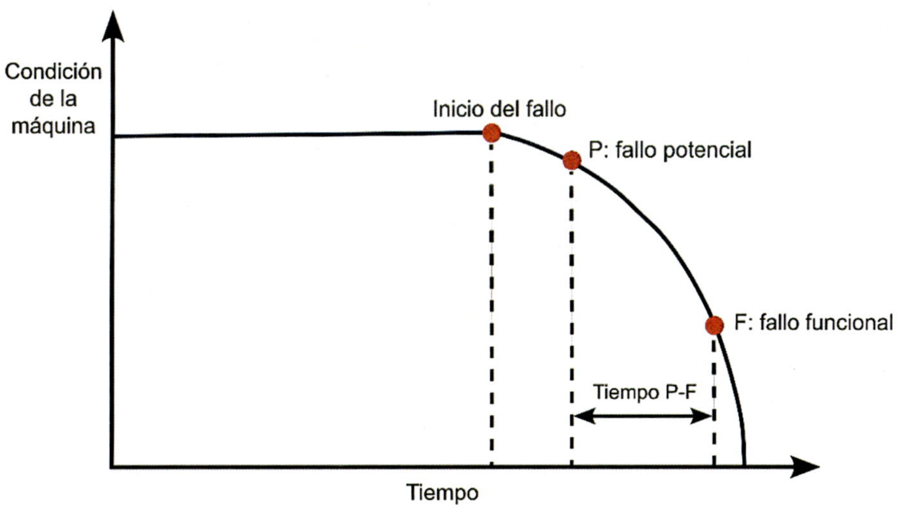

Figura 6 – Curva P-F.

El mantenimiento realizado mediante equipos portátiles con mediciones espaciadas en el tiempo, considerando el intervalo P-F, se denomina monitorización offline. En contraste, la monitorización con sensores fijos que recopilan datos de manera continua se conoce como monitorización online. Aunque la monitorización pueda realizarse de manera completamente automatizada, los datos deben ser analizados y contrastados, en última instancia, por el personal del Departamento de Mantenimiento. Inicialmente, se establecerá una periodicidad aproximada para las inspecciones y, a través de un proceso de mejora continua, se ajustará según los resultados obtenidos. Los datos proporcionados por el fabricante y el histórico de mediciones de cada máquina serán útiles para establecer una línea base que permita al técnico responsable evaluar el correcto funcionamiento de la máquina, considerando tanto mediciones singulares como tendencias.

El mantenimiento predictivo, en comparación con otros tipos de mantenimiento menos avanzados, presenta ventajas como el ahorro de costes gracias al aumento de la vida útil de los componentes, la disminución de fallos, el incremento de la disponibilidad y fiabilidad de la instalación y la reducción del riesgo de accidentes laborales. Esto permite que los equipos sometidos a este tipo de mantenimiento sean más eficientes y que la programación de tareas sea más flexible, especialmente frente al mantenimiento correctivo.

Sin embargo, entre los principales inconvenientes del mantenimiento predictivo se encuentran las dificultades para su implementación, dado que requiere inversiones en equipos de monitorización y formación especializada para que el personal pueda operar e interpretar los resultados de dichos equipos. Estas dificultades implican una mayor inversión inicial, especialmente si se opta por la monitorización continua en lugar del uso de equipos portátiles. Por este motivo, los equipos más críticos suelen ser monitorizados de forma continua, mientras que aquellos de menor relevancia para la instalación se supervisan mediante equipos portátiles y de manera periódica.

5.1 Técnicas de Mantenimiento Predictivo

El mantenimiento predictivo constituye en la actualidad una estrategia fundamental para garantizar la eficiencia de los activos industriales. La monitorización constante y el análisis de parámetros específicos permiten anticipar fallos y optimizar la planificación de las intervenciones de mantenimiento. La aplicación de técnicas de mantenimiento predictivo no solo contribuye a la reducción de los costes asociados a reparaciones inesperadas, sino que también incrementa la seguridad y prolonga la vida útil de los equipos.

Este apartado no pretende ser una recopilación exhaustiva de las técnicas de mantenimiento predictivo, dada la complejidad de cada una de ellas, así como la extensa literatura disponible al respecto. En caso de requerir la aplicación de alguna de estas técnicas, se recomienda consultar fuentes especializadas sobre cada método y los manuales específicos proporcionados por los fabricantes del equipo correspondiente.

5.1.1 Inspección Visual

La inspección visual regular de la maquinaria durante su funcionamiento constituye un elemento esencial en cualquier programa de mantenimiento predictivo. Este tipo de inspección permite identificar problemas potenciales que podrían pasar desapercibidos mediante otras técnicas o no están monitorizados.

La observación rutinaria de los sistemas críticos de la planta complementa los métodos predictivos y garantiza que los problemas se detecten antes de que puedan generar daños significativos. Estas rondas de inspección visual son tareas de alta frecuencia y no se utilizan Órdenes de Trabajo sino Hojas de Registro de Datos e Incidencias.

Dado el bajo coste asociado a esta actividad, resulta fundamental incorporarla en todos los programas de mantenimiento predictivo. Es imprescindible realizar inspecciones visuales periódicas a todos los equipos y sistemas de la planta. La información adicional obtenida a través de esta práctica fortalecerá y enriquecerá el programa de mantenimiento, sin importar cuáles sean las técnicas principales empleadas.

5.1.2 Ultrasonidos

La técnica de ultrasonidos utiliza principios similares al análisis de vibraciones. Ambas monitorizan el ruido generado por la maquinaria para determinar su condición operativa real. A diferencia del análisis de vibraciones, la medición de ultrasonidos se enfoca en las frecuencias más altas, es decir, en el rango de frecuencias entre 20 y 100 kHz.

La principal aplicación de los ultrasonidos es la detección de fugas. El flujo turbulento de líquidos y gases a través de un orificio restringido, es decir, una fuga, genera un sonido de alta frecuencia que puede ser fácilmente identificado mediante esta técnica. Por lo tanto, esta técnica resulta ideal para detectar fugas en válvulas, trampas de vapor, tuberías de aire y otros sistemas similares.

La técnica de ultrasonidos también es muy popular para la medición de espesores debido a su precisión, rapidez y carácter no destructivo. Este método se basa en la emisión de ondas ultrasónicas, generalmente en el rango de frecuencia de 1 a 10 MHz, las cuales atraviesan el material y se reflejan en la interfaz opuesta. La medición del tiempo de tránsito entre la emisión y la recepción de la onda permite calcular el espesor del material, considerando su velocidad de propagación. Esta técnica es especialmente útil para evaluar el estado de tuberías, tanques y estructuras metálicas, detectando posibles reducciones de espesor causadas por corrosión o erosión.

5.1.3 Análisis de Vibraciones

El análisis de vibraciones es la técnica predominante en el mantenimiento predictivo. Dado que la mayor parte de los equipos en las instalaciones tienen componentes mecánicos, esta técnica es la más aplicable y beneficiosa dentro de un programa de mantenimiento. A través de la monitorización de las vibraciones generadas por los sistemas de la planta, es posible determinar su condición real.

Aunque en un principio el coste de los equipos de monitorización de vibraciones resultaba elevado, los avances tecnológicos han permitido desarrollar métodos que proporcionan mantenimiento predictivo basado en vibraciones en cualquier instalación, e incluso la posibilidad de consultar los datos recopilados a distancia, a través de plataformas web.

La monitorización de las vibraciones de la maquinaria puede ofrecer una correlación directa entre la condición mecánica de la máquina y los datos de vibración registrados. Si se utiliza correctamente, el análisis de vibraciones puede identificar componentes específicos de la máquina que están experimentando degradación o el modo de fallo de la misma, antes de que se produzcan daños graves.

Inicialmente, existen dos técnicas aplicables: el análisis en banda ancha, que mide el valor eficaz de la vibración, y el análisis en banda estrecha, que se centra en el análisis en frecuencia. Los valores límite de cada equipo, determinados en función de su potencia y velocidad de giro, están especificados en las distintas partes de la norma ISO 20816 - *Mechanical vibration — Measurement and evaluation of machine vibration*. No obstante, dentro del análisis de vibraciones, la técnica de análisis de firmas es posiblemente la más adecuada, ya que proporciona una representación visual en frecuencia de cada componente de un tren de máquinas. Con la formación adecuada, el personal de la planta puede utilizar estas firmas de vibración para identificar el mantenimiento específico que requiere la máquina.

5.1.4 Tribología

La tribología es el término general que se refiere al diseño y la operativa de la lubricación en la maquinaria. Existen diversas técnicas tribológicas que pueden emplearse en el mantenimiento predictivo, tales como el análisis de aceite lubricante, la ferrografía y el análisis de partículas de desgaste.

El análisis de aceite lubricante es una técnica que permite determinar las condiciones físico-químicas de los aceites lubricantes utilizados en equipos mecánicos y eléctricos. No se trata de una herramienta destinada a evaluar el estado operativo de la maquinaria. Algunas formas de análisis de aceite lubricante proporcionan un desglose cuantitativo preciso de los elementos químicos individuales, tanto aditivos como contaminantes, presentes en el aceite.

La ferrografía utiliza el aceite como medio para evaluar el estado de la máquina, mediante la comparación de la cantidad de partículas metálicas presentes. Si en muestras sucesivas de aceite se detectan las mismas trazas o incluso un incremento en su concentración, esto puede indicar patrones de desgaste en las partes lubricadas de los equipos y servir como una señal temprana de posibles fallos en la máquina.

Como herramienta de mantenimiento predictivo, el análisis de aceite lubricante puede utilizarse para programar los intervalos de cambio de aceite en función de su condición real en una máquina determinada. En plantas de tamaño medio a grande, una reducción en el número de cambios de aceite puede suponer una disminución considerable de los costes anuales de mantenimiento. El máximo beneficio del análisis de aceite solo puede alcanzarse mediante la toma frecuente de muestras y el análisis de las tendencias de los datos para cada máquina de la planta.

5.1.5 Termografía

La termografía es una técnica empleada para medir la emisión de energía infrarroja, transformando estos datos en valores de temperatura con el objetivo de evaluar el estado operativo de los equipos. Al identificar anomalías térmicas, es decir, áreas cuya temperatura es superior o inferior a la esperada, un técnico especializado puede localizar y diagnosticar problemas incipientes en las instalaciones.

Esta técnica se fundamenta en el principio de que todos los objetos con una temperatura superior al cero absoluto irradian energía en forma de ondas infrarrojas. La intensidad de esta radiación depende directamente de la temperatura superficial del objeto.

En plantas industriales, la mayoría de los equipos se clasifican como cuerpos grises, lo que implica una emisividad inferior a la unidad. La precisión de las mediciones térmicas mejora al considerar la emisividad real de los objetos. Para facilitar este proceso, existen tablas con valores de referencia para materiales comunes. No obstante, estos valores pueden variar debido a factores como el estado de la superficie, la presencia de pinturas o recubrimientos protectores.

Una cámara termográfica típica consta de un sistema óptico, detectores de radiación infrarroja y un indicador. El sistema óptico recoge la energía radiante y la enfoca en un detector, que la convierte en una señal eléctrica. Posteriormente, esta señal es amplificada y procesada electrónicamente para su visualización. Los instrumentos más utilizados en mantenimiento predictivo incluyen termómetros infrarrojos de punto y sistemas de imágenes térmicas.

Los termómetros infrarrojos permiten determinar la temperatura superficial en puntos específicos de un equipo. En un programa de mantenimiento predictivo, estos dispositivos son especialmente útiles para monitorizar parámetros críticos, como el aumento de temperatura debido a la fricción en las tapas de cojinetes, la sobrecorriente en los devanados de motores y los daños físicos en los recubrimientos aislantes de las tuberías de proceso.

Por otro lado, las cámaras termográficas permiten escanear las emisiones infrarrojas de máquinas y procesos completos de forma rápida. La mayoría de estos sistemas funcionan de manera similar a una cámara de video, ofreciendo al usuario una visualización del perfil térmico de un área amplia.

La integración de la termografía en un programa de mantenimiento predictivo contribuye al seguimiento de la eficiencia térmica de sistemas críticos que dependen de la transferencia o retención de calor, equipos eléctricos y otros componentes, mejorando así la fiabilidad y eficiencia general de las instalaciones.

5.1.6 Comprobaciones en Máquinas Eléctricas

La evaluación de máquinas eléctricas es fundamental para el mantenimiento predictivo de la instalación. En cierta medida, los datos de vibración pueden aislar algunos de los problemas mecánicos y eléctricos que pueden desarrollarse en los motores eléctricos. Sin embargo, la vibración no puede proporcionar la cobertura integral necesaria para lograr un rendimiento óptimo de todas las máquinas eléctricas. Por lo tanto, un programa completo de mantenimiento predictivo debe incluir métodos de adquisición y evaluación de datos específicamente diseñados para identificar problemas en máquinas eléctricas.

Las pruebas de resistencia de aislamiento pueden revelar fallos en el aislamiento, materiales aislantes deficientes y la presencia de humedad dentro de la máquina. Estas pruebas pueden aplicarse al aislamiento de la maquinaria eléctrica, sus devanados, así como a cables y otros componentes que utilicen aislantes. Las comprobaciones de resistencia de aislamiento deben seguir los estándares IEEE 43 - *IEEE Recommended Practice for Testing Insulation Resistance of Electric Machinery* e IEEE P97 - *Diagnostic Test Methods for testing the Insulation of AC Electric Machinery Using Direct Voltage*, los cuales proporcionan directrices específicas sobre las condiciones y métodos para la evaluación del aislamiento eléctrico.

5.1.7 Líquidos Penetrantes y Ensayos Asociados

Los ensayos con líquidos penetrantes se emplean en componentes fabricados con materiales no porosos para supervisar de manera directa su deterioro superficial. Estas pruebas son particularmente útiles para detectar defectos, como grietas, burbujas, porosidades y otros fenómenos asociados a la corrosión, deformaciones plásticas, fatiga u otras transformaciones del material. La norma UNE-EN ISO 3452 - *Ensayos NDT. Ensayo por líquidos penetrantes* establece las directrices para realizar los ensayos.

Cuando los materiales son porosos, los ensayos con líquidos penetrantes resultan ineficaces, ya que el líquido se infiltra a través de los poros. En estos casos, y siempre que los materiales presenten un tamaño de poro medio, se recomienda utilizar ensayos de partículas filtradas.

Finalmente, si se requiere detectar grietas subsuperficiales en materiales ferromagnéticos, la alternativa más eficaz es recurrir a ensayos con partículas magnéticas. La norma UNE-EN ISO 9934 - *Ensayos NDT. Ensayo por partículas magnéticas* ofrecen las directrices para realizar el ensayo.

5.2 Calibración de Equipos

La mayoría de los equipos utilizados en la toma de datos y la evaluación de la condición de maquinaria deben garantizar una alta precisión en las mediciones para proporcionar diagnósticos fiables. En este contexto, el Departamento de Mantenimiento es responsable de asegurar el correcto mantenimiento y calibración de dichos equipos.

En este marco, la norma UNE-EN ISO 10012 - *Sistemas de gestión de las mediciones. Requisitos para los procesos de medición y los equipos de medición*, que establece los requisitos para los procesos de medición y los equipos asociados, dispone que el proveedor de un equipo debe proporcionar una confirmación metrológica. Esto implica que, al adquirir equipos de medición, estos deben estar debidamente calibrados. Una vez que los equipos se incorporan al inventario de la empresa, el Departamento de Mantenimiento debe implementar tareas de metrología destinadas a controlar y garantizar la fiabilidad de las mediciones realizadas.

Adicionalmente, la empresa debe desarrollar procedimientos para la gestión de la calibración y la verificación de conformidad o no conformidad, así como ofrecer formación específica para la realización de estas tareas, en consonancia con los requisitos de la norma UNE-EN ISO 9001 - *Sistemas de gestión de la calidad. Requisitos.* También es necesario establecer un área específica dentro del taller para almacenar los equipos de medición y las herramientas de calibración.

El período de calibración de cada equipo será determinado por la empresa, considerando la experiencia adquirida en su operación. No obstante, estas actividades suelen realizarse con una periodicidad anual.

Una alternativa viable para la gestión de estos procesos es la externalización de ciertos servicios de calibración. Esta opción puede resultar beneficiosa por diversas razones. En primer lugar, permite evitar una inversión inicial significativa en equipos. Además, las empresas contratadas disponen de técnicos cualificados para realizar e interpretar las pruebas, asumiendo la responsabilidad de garantizar que los equipos estén calibrados y en óptimas condiciones de funcionamiento. Es importante considerar que, en caso de recurrir a un proveedor externo para la realización de pruebas o la calibración de equipos, este deberá demostrar su competencia de acuerdo con la norma UNE-EN ISO/IEC 17025 - *Requisitos generales para la competencia de los laboratorios de ensayo y calibración.*

5.3 Análisis de Datos

En el mantenimiento predictivo, especialmente en su variante de monitorización continua, la cantidad y variedad de datos registrados hacen imprescindible la ayuda de la informática. En la instalación, estos datos se centralizan y almacenan en el sistema de control distribuido (*Distributed Control System*, DCS) para su posterior análisis. La Figura 7 representa el sistema de control de un motor diésel y un análisis de los datos realizado en el propio DCS.

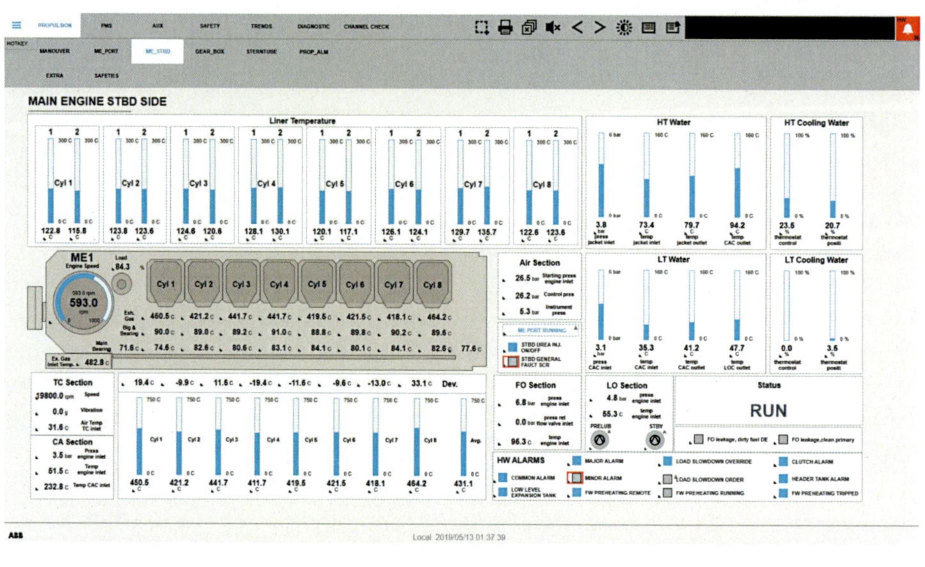

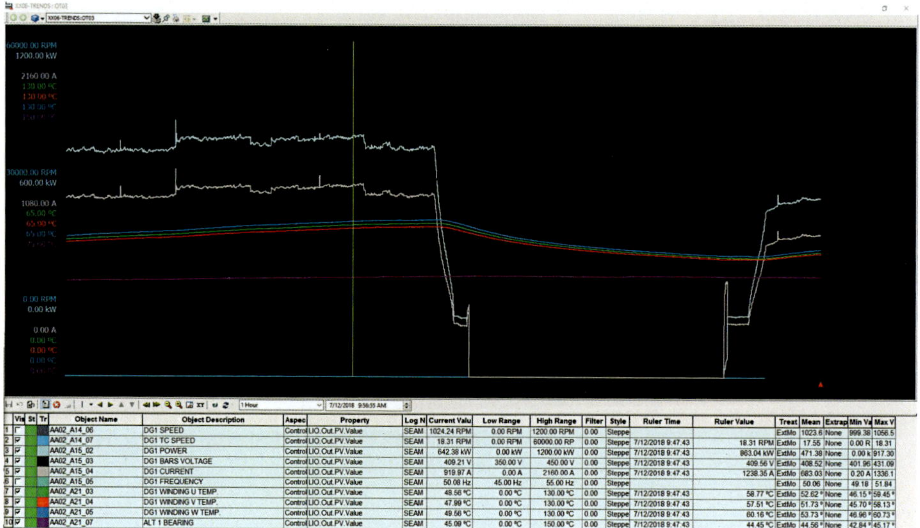

	Vis	St	Tr	Object Name	Object Description	Aspec	Property	Log N	Current Valu	Low Range	High Range	Filter	Style	Ruler Time	Ruler Value	Treat	Mean	Extrap	Min Va	Max V
1				AA02_A14_06	DG1 SPEED	Control	LIO.Out.PV.Value	SEAM	1024.24 RPM	0.00 RPM	1200.00 RPM	0.00	Steppe			ExtMo	1023.6	None	999.38	1056.5
2				AA02_A14_07	DG1 TC SPEED	Control	LIO.Out.PV.Value	SEAM	18.31 RPM	0.00 RPM	60000.00 RP	0.00	Steppe	7/12/2018 9:47:43	18.31 RPM	ExtMo	17.55	None	0.00 R	18.31
3				AA02_A15_02	DG1 POWER	Control	LIO.Out.PV.Value	SEAM	642.38 kW	0.00 kW	1200.00 kW	0.00	Steppe	7/12/2018 9:47:43	863.04 kW	ExtMo	471.38	None	0.00 k	917.30
4				AA02_A15_03	DG1 BARS VOLTAGE	Control	LIO.Out.PV.Value	SEAM	409.21 V	350.00 V	450.00 V	0.00	Steppe	7/12/2018 9:47:43	409.56 V	ExtMo	408.52	None	401.96	431.09
5				AA02_A15_04	DG1 CURRENT	Control	LIO.Out.PV.Value	SEAM	919.97 A	0.00 A	2160.00 A	0.00	Steppe	7/12/2018 9:47:43	1238.35 A	ExtMo	683.03	None	0.20 A	1336.1
6				AA02_A15_05	DG1 FREQUENCY	Control	LIO.Out.PV.Value	SEAM	50.08 Hz	45.00 Hz	55.00 Hz	0.00	Steppe			ExtMo	50.06	None	49.18	51.84
7				AA02_A21_03	DG1 WINDING U TEMP.	Control	LIO.Out.PV.Value	SEAM	48.56 ºC	0.00 ºC	130.00 ºC	0.00	Steppe	7/12/2018 9:47:43	58.77 ºC	ExtMo	52.62 º	None	46.15 º	59.45 º
8				AA02_A21_04	DG1 WINDING V TEMP.	Control	LIO.Out.PV.Value	SEAM	47.99 ºC	0.00 ºC	130.00 ºC	0.00	Steppe	7/12/2018 9:47:43	57.51 ºC	ExtMo	51.73 º	None	45.70 º	58.13 º
9				AA02_A21_05	DG1 WINDING W TEMP.	Control	LIO.Out.PV.Value	SEAM	49.56 ºC	0.00 ºC	130.00 ºC	0.00	Steppe	7/12/2018 9:47:43	60.16 ºC	ExtMo	53.73 º	None	46.96 º	60.73 º
10				AA02_A21_07	ALT 1 BEARING	Control	LIO.Out.PV.Value	SEAM	45.09 ºC	0.00 ºC	150.00 ºC	0.00	Steppe	7/12/2018 9:47:43	44.45 ºC	ExtMo	44.56 º	None	42.84 º	45.17 º

Figura 7 – Pantallas del DCS de un motor diésel (cortesía ABB).

Las técnicas fundamentales en el mantenimiento predictivo son el análisis de tendencias y las correlaciones entre parámetros. Estas últimas son establecidas por técnicos especialistas en la máquina, quienes, gracias a su conocimiento del funcionamiento de los equipos, comprenden cómo el incremento o decremento del valor de una variable afecta directamente a otra.

Dentro del DCS deben distinguirse dos componentes principales: el sistema de monitorización de operación, que genera alarmas y notifica al operario sobre valores fuera de rango potencialmente peligrosos (como niveles de tanques o sobretemperaturas), y el sistema de recopilación de datos para el análisis predictivo. En ocasiones, un mismo parámetro puede ser utilizado en ambos sistemas, lo que dificulta su diferenciación. Por lo general, las alarmas relacionadas con el mantenimiento predictivo proporcionan un mayor margen de tiempo para que el operador reaccione ante un problema.

La monitorización de parámetros implica costes adicionales, no solo en términos del consumo energético asociado a una nueva señal, sino también por los gastos relacionados con la instalación de sensores, la ampliación de los autómatas programables y la programación. Por esta razón, es fundamental realizar una selección cuidadosa de los parámetros a monitorizar. Aunque las temperaturas y las presiones son las variables más comunes, también pueden incluirse mediciones de caudal, vibración o termografía, entre otras.

Los sistemas DCS modernos cuentan con múltiples computadores para la recolección de datos, garantizando la redundancia en todo momento y evitando la pérdida de información en caso de fallo. Estos sistemas están respaldados por sistemas de alimentación ininterrumpida que aseguran el funcionamiento continuo de los equipos y emiten alertas en caso de interrupción del suministro eléctrico. Además, todos los equipos del sistema están sincronizados mediante una marca de tiempo que asigna a cada medida y alarma un registro temporal ordenado según su aparición. Los ordenadores suelen incluir diversas sesiones de usuario con permisos diferenciados, de acuerdo con el nivel de acceso requerido por cada puesto de trabajo. Por ejemplo, un nivel de operación permite acceder a los datos de funcionamiento y proceso, mientras que solo en un nivel de control se pueden modificar parámetros como los niveles de alarma.

Las alarmas programadas en el DCS pueden configurarse con límites fijos, definidos según las recomendaciones del fabricante y la experiencia operativa del personal de mantenimiento, o con límites adaptativos. En este último caso, el sistema incrementa la sensibilidad en la detección de fallos a partir de los datos históricos de operación del equipo. Una variante de los límites adaptativos considera, además de los datos históricos, las tendencias de operación.

Como evolución del análisis estadístico de datos, se encuentran las técnicas de inteligencia artificial aplicadas al mantenimiento predictivo. Estas técnicas utilizan datos reales de la instalación para predecir su comportamiento futuro y simular situaciones que, en el mundo real, son difíciles o inseguras de reproducir.

Capítulo 6
Otros Mantenimientos

En el ámbito del mantenimiento industrial, las modalidades generales de mantenimiento, como el correctivo, preventivo y predictivo, son fundamentales para garantizar la operatividad de los equipos y maximizar su vida útil. Sin embargo, existen situaciones específicas en las que estas técnicas no logran satisfacer las necesidades particulares de ciertas instalaciones. En estos casos, el mantenimiento debe adaptarse a circunstancias especiales, como la adaptación y actualización de las máquinas para cumplir con nuevos requisitos operativos, la supervisión y preparación de equipos que, aunque no están en uso habitual, deben estar en condiciones óptimas para funcionar correctamente en situaciones de emergencia, y el cumplimiento de normativas y disposiciones legales que exigen la realización de revisiones, mantenimientos y certificaciones periódicas.

6.1 Mantenimiento Modificativo

Habitualmente, los fabricantes de maquinaria industrial producen equipos estándar o semiestándar que no siempre se adaptan de manera óptima a todos los procesos productivos. El mantenimiento modificativo se centra en las acciones de reforma de los equipos, derivadas de análisis de fallos o estudios de fiabilidad. El objetivo de estas modificaciones es mejorar tanto las condiciones operativas de los dispositivos como su mantenibilidad.

Este tipo de mantenimiento, tan específico, presenta la ventaja significativa de resolver problemas recurrentes que no fueron abordados en la fase de diseño de la máquina. Sin embargo, es fundamental actuar con precaución al plantear una modificación y atender adecuadamente a la causa raíz del problema. Además, dado que estas modificaciones son específicas para cada instalación, pueden implicar costes elevados o generar una parada prolongada de la operación. Por ello, resulta crucial llevar a cabo un estudio previo exhaustivo que garantice el cumplimiento de las expectativas depositadas en la reforma.

Conocida la definición del mantenimiento modificativo, se procede a establecer los objetivos que persigue esta categoría de mantenimiento, entre los que destacan la maximización de la fiabilidad, mantenibilidad y disponibilidad de los equipos. Este tipo de mantenimiento incluye, entre otras, las siguientes actividades:

- Traslado de maquinaria existente: Aunque no constituye una función específica del Departamento de Mantenimiento, los traslados de maquinaria dentro de una misma instalación implican ajustes y maniobras que deben ser realizados por personal con conocimientos sobre los equipos y su operativa. Los costes económicos derivados de este traslado no se imputarán a la cuenta de mantenimiento; sin embargo, el Departamento de Mantenimiento deberá considerar las horas necesarias para ejecutar esta tarea, ya que durante dicho período se interrumpen otras funciones directamente vinculadas a sus responsabilidades.

- Instalación de maquinaria: En caso de que la instalación implique el reemplazo de una máquina obsoleta o la incorporación de una nueva por cualquier motivo, el Departamento de Mantenimiento desempeñará un papel clave. Esto se debe a que el nuevo equipo deberá ser integrado al plan de mantenimiento de la instalación, lo que conlleva la gestión de repuestos, lubricantes y otros consumibles recomendados. Además, resulta fundamental que un responsable del mantenimiento esté involucrado durante la instalación para garantizar la adecuada mantenibilidad del equipo. Este departamento también puede aportar información valiosa sobre la adquisición de la nueva maquinaria, basada en la experiencia acumulada con equipos similares ya operativos. En caso de que la nueva instalación no implique un reemplazo, será necesario prever un incremento en los costes de mantenimiento y en la carga de trabajo, al incorporarse un nuevo activo. Durante el proceso de instalación, los recursos dedicados al mantenimiento también se verán reducidos debido a la atención que requiere la implementación del nuevo equipo.

- Mantenimiento de proyecto: Este enfoque del mantenimiento modificativo tiene como objetivo garantizar que los requisitos de diseño de la maquinaria sean compatibles con la política de operación de la instalación. Entre sus actividades se incluyen la incorporación de elementos de seguridad para prevenir accidentes, la estandarización de componentes que faciliten las labores de mantenimiento en puntos críticos, la localización de repuestos comerciales en el mercado y el análisis de las redundancias necesarias para evitar paradas completas de la planta ante posibles averías. Aunque gran parte de estas tareas son gestionadas por los departamentos de ingeniería, el conocimiento que posee el Departamento de Mantenimiento sobre la instalación resulta indispensable para identificar y corregir anomalías que disminuyan la disponibilidad de los equipos. Los análisis de costes y las estadísticas de fallos en la instalación aportan datos valiosos para implementar estas mejoras.

- Mantenimiento selectivo: Esta modalidad, una de las más recientes en el ámbito del mantenimiento modificativo, aplica técnicas basadas en la fiabilidad y la experiencia operativa. Consiste en clasificar las máquinas de una instalación de acuerdo con su fiabilidad, generalmente organizándolas por porcentajes. Esta estrategia permite priorizar la atención hacia los equipos que presentan menores niveles de fiabilidad, mejorando así su desempeño individual y, por extensión, el de toda la planta. El mantenimiento selectivo contribuye a la optimización de costes, ya que los operarios pueden centrarse en resolver los problemas más urgentes, reduciendo tiempos muertos y aumentando la eficiencia general.

A excepción de los traslados de maquinaria, las demás ramas del mantenimiento modificativo están estrechamente relacionadas con la mejora de la fiabilidad y la mantenibilidad. Estos aspectos, junto con la disponibilidad, constituyen algunos de los indicadores más relevantes para evaluar la calidad del mantenimiento aplicado a una instalación.

6.2 Mantenimiento Detectivo

El mantenimiento detectivo se enfoca en identificar fallos o condiciones anómalas en los equipos que ya se han producido, pero que aún no han provocado paradas de máquina. Esta estrategia se basa en la realización de inspecciones periódicas para detectar problemas antes de que se conviertan en fallos catastróficos. Aunque se diferencia del mantenimiento predictivo por su enfoque reactivo, ambos métodos pueden complementarse eficazmente.

Entre las técnicas más empleadas en el mantenimiento detectivo se incluyen las inspecciones visuales, el uso de sensores y las pruebas funcionales específicas. Estas pruebas son particularmente relevantes en equipos redundantes o de emergencia, donde los fallos solo se manifiestan cuando el equipo está en funcionamiento, y tales operaciones no son habituales o no se encuentran debidamente supervisadas. La meticulosidad de estas inspecciones es crucial para asegurar que los problemas sean detectados a tiempo.

6.3 Mantenimiento Legal

El mantenimiento legal es un tipo de mantenimiento preventivo que contiene un conjunto de actuaciones necesarias para dar cumplimiento a las especificaciones establecidas por reglamentos o normas. En determinadas instalaciones, ciertos equipos están sujetos a revisiones periódicas establecidas como requisito legal para garantizar su operatividad y cumplimiento normativo. Estas revisiones tienen como objetivo verificar que los equipos funcionan de manera segura y eficiente, minimizando riesgos para las personas, el entorno y los procesos industriales. Algunas de estas revisiones incluyen:

- Instalaciones de agua caliente sanitaria, calefacción y climatización.
- Recipientes a presión.
- Instalaciones frigoríficas.
- Instalaciones nucleares o radioactivas.
- Instalaciones eléctricas.
- Instalaciones de gas y otros combustibles.
- Equipos de protección contra incendios.
- Ascensores y montacargas.

- Emisiones de chimeneas.

- Prevención y el control de la legionelosis.

Aunque el Departamento de Mantenimiento tiene la responsabilidad de garantizar el correcto funcionamiento de la instalación, las revisiones de estas instalaciones suelen ser realizadas por empresas especializadas. No obstante, si el personal de la empresa cuenta con la formación y certificación adecuada como mantenedor-reparador de un tipo específico de instalación, podrá asumir dichas tareas directamente.

Es importante destacar que la persona que firma el libro de mantenimiento asume la responsabilidad legal de la correcta operación de la máquina, lo que implica la necesidad de garantizar que todas las intervenciones realizadas cumplan con los estándares técnicos y normativos aplicables.

Capítulo 7
El Fallo

Las máquinas y equipos presentes en una instalación están conformados por elementos interconectados. El fallo se define como la interrupción en la capacidad de un elemento para desempeñar una función requerida. La avería de una máquina, por tanto, ocurre como resultado del fallo de uno o más de sus componentes. Comprender cómo la degradación de materiales y componentes conduce al fallo exige un conocimiento profundo de los mecanismos subyacentes.

Existen diversas razones por las que un componente puede fallar. Identificar todos los posibles fallos resulta complejo; sin embargo, conocer las causas que los generan es esencial para prevenirlos. Dado que rara vez es posible anticipar todas las causas, también debe considerarse la incertidumbre inherente al proceso. En este contexto, los esfuerzos durante las fases de diseño y fabricación deben enfocarse en abordar tanto las causas previstas como, en la medida de lo posible, las imprevistas, con el objetivo de minimizar su ocurrencia o prevenirla por completo.

El conocimiento de los mecanismos que originan el fallo en máquinas y equipos es fundamental para el Departamento de Mantenimiento, ya que permite determinar la vida útil remanente de una máquina en operación. Este conocimiento resulta clave para implementar estrategias de mantenimiento basadas en la condición de los equipos.

7.1 Clasificación del Fallo

En primer lugar, se debe clasificar el fallo de un componente en razón a su origen. En este texto se utiliza la clasificación de Henley y Kumamoto:

- Fallo primario: Ocurre cuando un componente falla por causas naturales (por ejemplo, envejecimiento). Es necesaria una acción, como reparación o reemplazo, para que el componente vuelva a estar operativo.

- Fallo secundario: Ocurre debido al fallo primario de otros componentes del sistema, factores ambientales y/o acciones del usuario.

- Fallo por comando: Ocurre cuando un componente se encuentra en estado no operativo, pero no fallido, debido a señales de control inadecuadas o ruido.

En segundo lugar, se clasifican los fallos por su modo y severidad:

- Modo
    - Fallos intermitentes: Ocurren únicamente durante un periodo breve de tiempo. Son habituales en equipos electrónicos.
    - Fallos prolongados: Persisten hasta que una acción correctiva los rectifica. Estos pueden dividirse en fallos completos y fallos parciales.
- Severidad
    - Catastróficos: Resultan en la muerte de personas o la pérdida total del sistema.
    - Críticos: Ocasionan lesiones graves a las personas o daños significativos al sistema.
    - Marginales: Provocan lesiones leves a las personas o daños menores al sistema.
    - Despreciables: Causan lesiones a las personas o daños al sistema de menor gravedad que los marginales.

7.1.1 Mecanismos de Fallo

Los mecanismos de fallo son procesos físicos y químicos que conducen al fallo de un componente. Al entrar en funcionamiento, los componentes están sometidos a cargas que generan tensiones. Los conceptos de tensión, la intensidad de las fuerzas internas distribuidas que resisten un cambio en la forma de un material sometido a fuerzas externas, y resistencia, la propiedad de un material metálico que le permite soportar las tensiones impuestas, pueden ofrecer una explicación útil de los mecanismos que conducen al fallo de un componente.

Existen diversas formas de tensión o estrés: mecánico (fuerza aplicada sobre un componente), eléctrico (voltaje aplicado o corriente que fluye a través de un componente), hidráulico (presión ejercida por un fluido, gas u otro medio) y térmico (generado por los cambios de temperatura). Varias de estas formas pueden afectar simultáneamente a una misma pieza.

En el caso de los equipos industriales, es esencial comprender los diferentes mecanismos de fallo. Entre los mecanismos de fallo de tipo mecánico destacan los siguientes:

- Fallo por fatiga: Ocurre debido a la aplicación repetida de cargas sobre un componente. Su ocurrencia puede prevenirse seleccionando materiales adecuados para la aplicación específica. Por ejemplo, bajo cargas cíclicas, el acero presenta una mayor durabilidad que el aluminio, lo cual puede comprobarse mediante las curvas S-N correspondientes a cada material.

- Fallo por fluencia o rotura: El material se estira, es decir, fluye, cuando se aplica una carga de manera continua, lo que generalmente culmina en una rotura. Es importante tener en cuenta que la fluencia se acelera a temperaturas elevadas.

- Fallo por flexión: Se produce cuando una de las superficies externas del material está en compresión y la otra en tracción. Un ejemplo típico es la rotura por tracción del material en la superficie externa.

- Fallo metalúrgico: También conocido como fallo del material, es el resultado de una oxidación extrema o de la operación en un entorno corrosivo. Este tipo de fallo se ve acelerado por condiciones ambientales como el calor, la erosión, el ambiente marino y los medios corrosivos.

- Fallo por carga cortante: Ocurre cuando el esfuerzo cortante supera la resistencia del material al aplicar cargas de torsión o esfuerzos cortantes elevados.

- Fallo por defecto del material: Se produce debido a factores como defectos en las soldaduras, deficiencias en el control de calidad, pequeñas grietas o fallas, y grietas por fatiga.

- Fallo en rodamientos: Generalmente ocurre debido a un soporte cilíndrico que descansa sobre una superficie plana o cóncava, como los rodamientos de rodillos en una pista.

- Fallo por concentración de esfuerzos: Se produce cuando hay un flujo desigual de esfuerzos a través de un diseño mecánico. Puede ocurrir con esfuerzos producidos por cargas sólidas o fluidos, con efectos como el golpe de ariete.

- Fallo por resistencia última a la tracción: Ocurre cuando la resistencia última a la tracción es menor que el esfuerzo aplicado, lo que provoca un fallo total de la estructura en un punto de sección transversal.

Además, pueden producirse fallos de tipo eléctrico, como la descarga electrostática, la rotura del dieléctrico y la rotura de la unión en dispositivos semiconductores; fallos de tipo térmico, como el calentamiento más allá de temperaturas críticas, y las expansiones y contracciones térmicas.

En los componentes electrónicos, la fiabilidad depende principalmente del control de calidad en los procesos de producción. Aunque los defectos graves que impiden el funcionamiento pueden detectarse fácilmente en pruebas de fábrica, los defectos menores, que no afectan inicialmente al rendimiento, son la principal causa de fallos. El fallo típico en componentes electrónicos ya instalados se debe al desgaste por estrés en elementos defectuosos, mientras que los de alta calidad no fallan bajo las cargas especificadas durante su vida útil. Por ejemplo, en un transistor defectuoso, el tiempo hasta el fallo estará influido por el voltaje aplicado, la temperatura ambiente y las cargas mecánicas, impuestas por fenómenos como la vibración.

Desde el punto de vista químico, procesos como la corrosión y la oxidación también actúan como precursores del fallo. En este sentido, la elección de equipos tropicalizados puede paliar el efecto de los agentes ambientales.

Estos mecanismos ocurren durante las condiciones normales de operación y ambientales asociadas con la aplicación del producto. Identificar los mecanismos de fallo de mayor prioridad permite una utilización eficiente de los recursos. El análisis modal de fallos, efectos y criticidad (FMECA) es un método similar al análisis modal de fallos y efectos (FMEA), pero centrado en los mecanismos de fallo en lugar de los fallos propiamente dichos, y puede emplearse para priorizar dichos mecanismos.

La toma de decisiones efectiva en el mantenimiento requiere comprender los mecanismos que conducen a los fallos. Este conocimiento permite modelar el comportamiento del componente o equipo de manera adecuada para predecir la vida útil restante y planificar las acciones de mantenimiento. Asimismo, la comprensión de los mecanismos de fallo es esencial para diseñar productos de alta calidad mediante la selección adecuada de materiales y procesos de fabricación.

7.1.2 Aplicación de Factores de Seguridad

En el diseño y la fabricación de maquinaria se emplean diversos factores de seguridad para garantizar la fiabilidad de los componentes mecánicos. Estos factores actúan como multiplicadores arbitrarios, pero pueden resultar sumamente útiles para lograr un diseño satisfactorio si se establecen con el máximo cuidado, basándose en la experiencia previa y en los datos históricos disponibles.

El factor de seguridad en función de la carga de servicio (SL_n) y la carga máxima de trabajo segura (SL_m) se calcula como la relación entre la carga máxima que la máquina o componente pueden soportar sin riesgo de fallo y la carga que realmente se espera que soporte en condiciones normales de operación, Ecuación 3:

$$SF = \frac{SL_m}{SL_n} \tag{3}$$

Este factor de seguridad resulta especialmente útil cuando las cargas son distribuidas. Como referencia, en elementos mecánicos el factor de seguridad (SF) varía entre 1,3 y 4, dependiendo de las propiedades del material, las condiciones de carga y las condiciones ambientales. Sin embargo, aplicaciones específicas pueden requerir coeficientes más elevados.

7.2 Fallo por Error Humano

Los errores operativos son el resultado de fallos cometidos por el personal de operación y/o mantenimiento, y las causas de su ocurrencia incluyen un entorno deficiente, tareas complejas, falta de procedimientos o herramientas adecuadas, negligencia y una inadecuada capacitación del personal. Los errores de mantenimiento también pueden ocurrir debido a descuidos por parte del personal encargado de esta labor. Algunos ejemplos de errores de mantenimiento relacionados con distracciones son la reparación incorrecta de un componente defectuoso, la calibración inapropiada del equipo o la aplicación incorrecta de grasa en los puntos correspondientes del equipo.

Los errores de ensamblaje son consecuencia de errores humanos durante el proceso de montaje del equipo. Algunas de las causas de estos errores pueden ser una iluminación inadecuada, planos y otros materiales relacionados de mala calidad o desactualizados, un diseño deficiente de la disposición del trabajo y una mala comunicación de la información relevante, la cual, en algunas instalaciones, también puede verse afectada por barreras idiomáticas.

Los errores humanos pueden clasificarse en varias categorías, tales como:

- Errores de diseño e instalación.
- Errores operativos.
- Errores de inspección.
- Errores de mantenimiento y ensamblaje.

Es importante tener en cuenta que no solo los operadores y el personal de mantenimiento de la instalación pueden cometer errores, sino que los inspectores, al pasar por alto detalles o emitir juicios incorrectos, pueden llegar a conclusiones erróneas que afecten al correcto funcionamiento de los equipos.

Otros factores que a priori podrían contribuir al error humano requieren un estudio más profundo. Este es el caso del estrés. Un nivel moderado de estrés es necesario para aumentar la efectividad del rendimiento humano al máximo. Este nivel moderado, conocido como *eustrés*, puede interpretarse simplemente como un estrés suficientemente alto para mantener al individuo alerta. Con un estrés muy bajo, la tarea se vuelve monótona y poco desafiante; por lo tanto, la mayoría de las personas no rendirán de manera efectiva y su desempeño no estará en el nivel óptimo. Cuando el estrés supera su nivel moderado, la efectividad del rendimiento humano comienza a decaer. Este declive se debe principalmente a factores como la preocupación, el miedo y otros tipos de estrés psicológico. En el nivel más alto de estrés, la fiabilidad humana alcanza su nivel más bajo. En la Figura 8 se muestra la relación entre el nivel de estrés y el rendimiento de la persona.

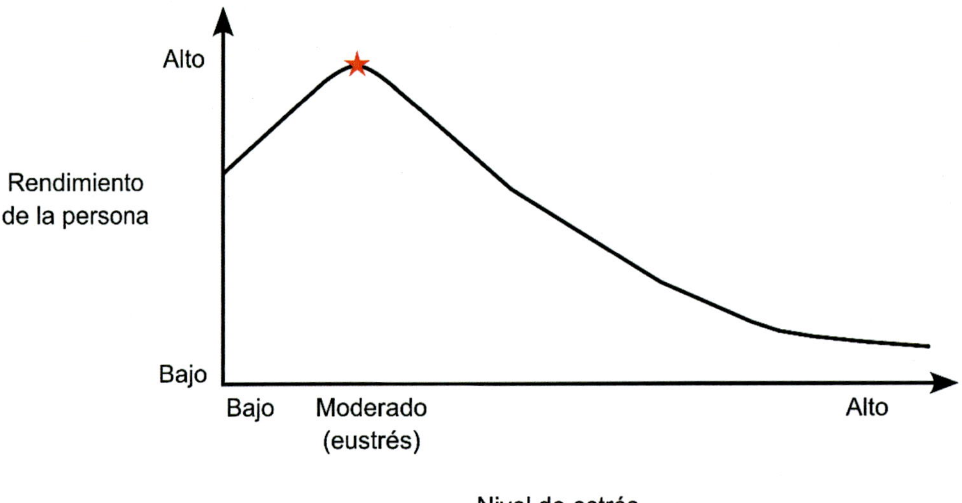

Figura 8 – Relación entre el rendimiento de la persona y su nivel de estrés.

Existen numerosos factores que pueden aumentar el estrés en las personas y, a su vez, disminuir su fiabilidad en el trabajo. Algunos de estos factores son la insatisfacción con el trabajo, la posibilidad de un despido, la falta de experiencia adecuada para realizar la tarea, las demandas excesivas de los superiores, la realización de tareas bajo plazos extremadamente ajustados, problemas financieros graves, escasas posibilidades de ascenso, problemas de salud, dificultades con la familia, y trabajar con personas con temperamentos impredecibles. Es responsabilidad en parte de los encargados de mantenimiento garantizar un entorno laboral adecuado para sus trabajadores, ya que esto repercutirá directamente en su desempeño.

7.2.1 Error Humano y Fiabilidad

El personal de mantenimiento realiza diversas tareas continuas en el tiempo y la Ecuación 4, desarrollada de la misma manera que la función de fiabilidad, se puede utiliza para calcular la fiabilidad en un período de tiempo t cuando el error humano sigue una distribución probabilística conocida.

$$MTTHE = \int_0^{\infty} \exp[-\int_0^{t} \lambda_h(t)dt]\, dt = \frac{1}{\lambda_h} \qquad (4)$$

Donde:

- $MTTHE$: Tiempo medio en que surge un error humano (*mean time to human error*).
- t: Tiempo.
- $\lambda_h(t)$: Tasa de error humano dependiente del tiempo.

Como ejemplo, se plantea calcular el tiempo medio hasta el error de una persona si su tasa de error es de 0.004 errores por hora:

Tasa de error $\lambda_h(t) = 0{,}004$ errores / hora.

Tiempo de la jornada laboral (t): 8 horas.

$MTTHE = \int_0^{\infty} \exp[-\int_0^{t} \lambda_h(t)dt]\, dt = \frac{1}{\lambda_h} = \frac{1}{0{,}004} = 250$ horas.

7.2.2 Reducción del Error Humano

Reducir los errores en el mantenimiento debido al error humano no es tarea fácil, pero existen varias estrategias que pueden contribuir a mitigar los fallos derivados de este tipo de errores:

- Revisar periódicamente las prácticas de trabajo: Es importante realizar un seguimiento de las prácticas de trabajo y revisar las desviaciones significativas respecto a los procedimientos formales establecidos, para garantizar que se cumplan los estándares de operación.

- Supervisar la aplicación uniforme de prácticas estándar: Asegurarse de que todas las operaciones de mantenimiento sigan las prácticas de trabajo estándar, lo que contribuye a reducir variaciones que puedan generar errores. Implantación de sistemas poka-yoke.

- Proporcionar formación continua al personal: Ofrecer cursos de actualización periódicos al personal de mantenimiento para mantener sus conocimientos al día y mejorar sus habilidades en el manejo de los equipos y procedimientos.

- Evaluar la necesidad de interrupciones para inspecciones no esenciales: Considerar cuidadosamente si es necesario interrumpir el funcionamiento de los equipos para realizar inspecciones periódicas no esenciales, ya que tales interrupciones pueden dar lugar a fallos debido a la desconexión mental o error en el manejo de los sistemas.

- Retroalimentación sobre incidentes recurrentes: Asegurarse de que el personal reciba retroalimentación regular sobre incidentes de mantenimiento recurrentes para que puedan identificar las causas y aplicar las medidas correctivas pertinentes.

- Sistemas adecuados de difusión de información: Implementar sistemas efectivos para difundir información esencial a todo el personal de mantenimiento, lo que ayudará a prevenir la repetición de errores y facilitará la adopción de nuevas prácticas.

- Asegurar un adecuado traspaso de turno o guardia: Garantizar que el cambio de turno se realice de manera efectiva, con una comunicación clara y documentación detallada, para asegurar que las tareas incompletas o pendientes se transfieran correctamente entre turnos y no queden desatendidas.

7.3 Análisis de Averías

Una máquina se compone de varios componentes interconectados, cuyo funcionamiento en conjunto determina la operatividad del sistema. El fallo de un sistema suele originarse por el fallo de uno o varios de estos componentes. Debido a la complejidad de las máquinas, es posible que dos fallos diferentes generen efectos similares para el usuario, lo que puede dificultar la identificación de la causa raíz del problema. La relación entre los fallos de los componentes y la avería de la máquina puede abordarse mediante dos enfoques distintos. El primero se denomina enfoque directo (*bottom-up*), mientras que el segundo se conoce como enfoque inverso (*top-down*).

7.3.1 Análisis Modal de Fallos y Efectos

En el enfoque directo (*bottom up*), se comienza analizando los eventos del fallo a nivel de componentes y luego se avanza hacia el conjunto de la máquina para evaluar las consecuencias de dichos fallos. El análisis modal de fallos y efectos (*Failure Modes and Effects Analysis*, FMEA) utiliza este enfoque. Este análisis está recogido en la norma UNE-EN IEC 60812 - *Análisis de los modos de fallo y de sus efectos (AMFE y AMFEC)* y consiste en revisar un sistema en términos de sus subsistemas y ensamblajes, hasta llegar al nivel de los componentes, con el objetivo de identificar los modos de fallo, sus causas y los efectos que tales fallos tienen sobre la función de la máquina.

El proceso para identificar los modos de fallo de los componentes y determinar sus efectos en la función de la máquina ayuda a desarrollar una comprensión más profunda de las relaciones entre los componentes. Este conocimiento permite al responsable de mantenimiento proponer cambios en el sistema que eliminen o al menos mitiguen las consecuencias indeseables de un fallo. El FMEA se utiliza para evaluar la seguridad del sistema y para identificar las modificaciones de diseño y las acciones correctivas necesarias para mitigar los efectos de un fallo en el sistema.

La metodología FMEA se basa en un enfoque jerárquico que debe determinar cómo cada posible modo de fallo de cada componente del sistema afecta a su funcionamiento. El procedimiento básico consiste en:

1. Determinar las funciones del componente.

2. Identificar todos los modos de fallo del componente.

3. Determinar el efecto del fallo para cada modo de fallo, tanto sobre el componente como sobre el sistema general que se está analizando.

4. Clasificar el fallo según sus efectos sobre el funcionamiento de la máquina.

5. Determinar la probabilidad de ocurrencia del fallo.

6. Identificar cómo se puede detectar el modo de fallo.

7. Identificar los posibles cambios en el diseño para eliminar el modo de fallo, o si eso no es posible, mitigar.

Aplicando este concepto, se incrementa el conocimiento sobre la estructura del sistema y se identifican los factores que afectan la fiabilidad de la máquina. Además, permite determinar los componentes menos fiables, lo que resulta útil para priorizar las tareas de mantenimiento.

Análisis Modal de Fallos, Efectos y Criticidad

Partiendo del FMEA, se añadió una evaluación de la criticidad del fallo, es decir, la gravedad del efecto del fallo y su probabilidad de ocurrencia, dando lugar al método denominado Análisis Modal de Fallos, Efectos y Criticidad (*Failure Modes, Effects and Criticality Analysis*, FMECA), en el que los modos de fallo se asignan según prioridades. Se considera que el FMECA amplía el FMEA al incluir una clasificación de los modos de fallo.

Un análisis FMECA puede realizarse desde diferentes perspectivas, como la seguridad del personal, la disponibilidad de la instalación, el coste de reparación o la detectabilidad del modo de fallo, entre otras. Por ello, es necesario decidir y especificar la perspectiva o perspectivas consideradas en el análisis. Por ejemplo, un FMECA relacionado con la seguridad podría asignar un número de criticidad bajo a un elemento cuya fiabilidad afecta seriamente la disponibilidad, pero que no es crítico desde el punto de vista de la seguridad. No obstante, al realizar un análisis desde la perspectiva de la disponibilidad, se deben tener en cuenta los efectos de la redundancia, considerando si el equipo redundante está disponible o no.

La realización de un análisis FMECA no es una tarea trivial y puede requerir muchas horas o incluso semanas de trabajo. Esto se debe a que puede resultar complicado localizar correctamente los efectos que producen fallos a nivel de componentes en maquinaria compleja. Además, debe considerarse que el FMECA puede no ser un método adecuado para ciertos equipos, como en el caso de sistemas electrónicos, en los que los fallos a nivel de componente son muy improbables y cuyos efectos pueden variar dependiendo del estado del sistema.

La clasificación de criticidad obtenida mediante el FMECA se basa en la severidad de la consecuencia potencial (S) y la probabilidad de que ocurra (P) cada modo de fallo, así como en la capacidad para detectar dicho fallo (D). El producto de estos tres factores de riesgo se conoce como el Número de Prioridad de Riesgo (*Risk Priority Number*, RPN), y permite a los diseñadores clasificar y centrarse en los modos de fallo más críticos en el diseño. El RPN se calcula mediante la la Ecuación 5.

$$RPN = S * P * D \tag{5}$$

El RPN puede utilizarse para comparar problemas dentro del análisis y priorizar aquellos que requieren acciones correctivas.

Dado que el FMECA se realiza principalmente para identificar modos de fallo y su criticidad, se deben utilizar tasas de fallo o valores de fiabilidad que puedan considerarse como los peores casos realistas. Esto se fundamenta en la gran incertidumbre inherente a las predicciones de fiabilidad, especialmente a nivel de fallo de componentes. Por lo tanto, siempre se deben utilizar valores de fiabilidad pesimistas o de peor caso como supuestos iniciales para los modos de fallo que se identifiquen como críticos. En general, cuanto más crítico sea el modo de fallo, más pesimistas deben ser los supuestos de fiabilidad.

Los resultados del análisis de criticidad, que incluye el FMECA respecto al FMEA, pueden expresarse como un valor cuantitativo conocido como Criticidad del Modo de Fallo, calculada mediante la Ecuación 6.

$$C_m = \beta * \alpha * \lambda * t \tag{6}$$

Donde:

- C_m: Criticidad del modo de fallo.
- β: Probabilidad del efecto del fallo.
- α: Relación del modo de fallo.
- λ: Tasa de fallos.
- t: Tiempo de operación.

Mientras que el FMEA solo ofrece información cualitativa, el FMECA proporciona tanto información cualitativa como cuantitativa, lo que permite a los usuarios medir el nivel de criticidad de los modos de fallo y ordenarlos según su importancia. En términos generales, se debe adoptar un enfoque cuantitativo cuando se dispone de datos reales de los componentes, y un enfoque cualitativo cuando no se dispone de datos específicos de los componentes o solo se dispone de datos genéricos.

7.3.2 Análisis de Causa Raíz

Al contrario que en el análisis FMEA, el Análisis de Causa Raíz (*Root Cause Analysis*, RCA) utiliza un enfoque inverso (*top-down*) para estudiar los fallos. En este método retrospectivo, se parte del nivel general de la máquina y se avanza hacia el nivel del componente, vinculando el rendimiento del sistema con los fallos específicos a nivel de sus elementos.

La mayoría de los problemas que surgen en instalaciones industriales se abordan de manera superficial, limitándose a sortear el problema sin identificar las causas subyacentes que podrían prevenir su recurrencia. Al no abordar la causa raíz, los mismos problemas o situaciones similares tienden a repetirse, lo que dificulta la mejora del rendimiento de la instalación. El RCA se centra en identificar los factores que originan el problema, con el fin de proponer soluciones eficaces y duraderas. Esta metodología parte de la premisa de que tratar los problemas subyacentes de manera sistemática es más eficiente que simplemente abordar los síntomas, ya que estos últimos suelen constituir soluciones temporales.

Regulado por la norma UNE-EN 62740 - *Análisis de causa raíz (RCA)*, el RCA es ampliamente utilizado en el mantenimiento industrial. Sus principales objetivos son descubrir la causa raíz de los problemas, resolver los fallos de manera sistemática y prevenir la recurrencia de averías. Para alcanzar estos objetivos, la eficacia del RCA depende de ciertos principios básicos, entre los que se incluyen:

- La corrección de las causas origen del problema.
- La comprensión de que, en algunos fallos, puede haber más de una causa raíz.
- La obtención de respuestas sobre "cómo" y "por qué" ocurrió el fallo.
- La recopilación de información suficiente para desarrollar un plan correctivo efectivo.

Aunque el RCA no sigue un conjunto de pasos estrictamente definidos, diversos autores han desarrollado distintas técnicas para su aplicación, las cuales permiten adaptarlo a contextos específicos:

- Los 5 porqués: Esta técnica consiste en realizar preguntas sucesivas sobre el motivo de un problema, de forma sistemática, hasta llegar a su causa raíz. Su nombre deriva del hecho de que, generalmente, se necesitan alrededor de cinco preguntas para identificar la raíz del problema. Este método fomenta un análisis detallado al evitar suposiciones, ya que las respuestas obtenidas aportan claridad y precisión sobre el origen del fallo.

- Análisis de cambios y de sucesos: Este método se basa en estudiar los cambios que conducen a un suceso específico. Es especialmente útil cuando existe un gran número de posibles causas. En primer lugar, se elabora un listado de estas causas, y posteriormente se categoriza el suceso en función de la influencia que estas posibles causas pudieron ejercer sobre él, evaluando si están correlacionadas o no. Este análisis puede ser un complemento eficaz de la técnica de los 5 porqués, ya que permite estructurar y priorizar las posibles causas.

- Diagrama de Ishikawa: Conocido también como diagrama "de espina de pescado", este método proporciona una representación visual de las causas y efectos relacionados con un problema. Se asemeja al método de los 5 porqués, pero incorpora una representación gráfica. El diagrama se inicia con una línea horizontal que simboliza el problema principal. A partir de esta línea, se dibujan líneas oblicuas que agrupan las causas en categorías. Aunque las categorías pueden variar, es común emplear el método de las 6M, que incluye las siguientes: mano de obra, maquinaria, materiales, método, medición y medio ambiente. En cada categoría se agrupan las distintas causas que podrían haber originado el problema. En la Figura 9 se presenta un ejemplo de diagrama de Ishikawa.

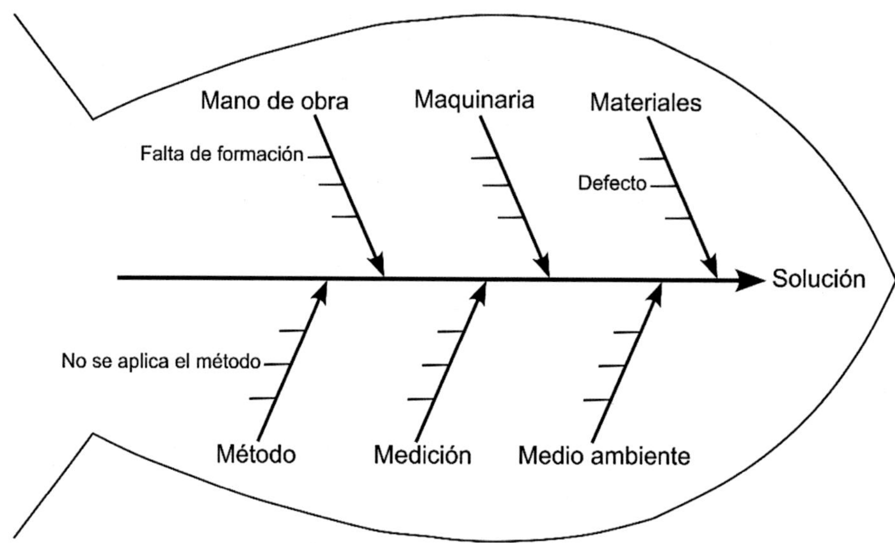

Figura 9 – Diagrama de Ishikawa, método de las 6M.

El análisis de causa raíz no debe basarse en opiniones ni suposiciones. Una vez identificadas las posibles causas, se formulan hipótesis que deben ser validadas. Para ello, es imprescindible disponer de información técnica, como parámetros de operación, registros históricos de mantenimiento, resultados de inspecciones, y, de ser posible, entrevistas con los operadores presentes durante el fallo, ingenieros, personal de prevención de riesgos laborales, e incluso con el fabricante de la máquina.

No todos los problemas justifican un análisis RCA. Por lo tanto, el problema, una vez aclarado y confirmado, debe ser evaluado para determinar si su impacto es suficiente como para justificar una investigación más profunda. Si los pasos iniciales indican que es necesario realizar un RCA, el siguiente paso en el proceso consiste en llevar a cabo un análisis de coste-beneficio. El propósito de este análisis es verificar que los beneficios esperados de la resolución del problema superen los costes asociados con el mismo. Las desviaciones en el rendimiento económico, como los altos costes de producción o mantenimiento, suelen justificar la aplicación del RCA.

Cuando la causa raíz del problema queda definida, esta se clasifica como física, humana o latente (relacionada con la organización del trabajo). A partir de esta clasificación, se elabora un plan para eliminar o mitigar dicha causa, lo que puede implicar un rediseño de la máquina, aplicando mantenimiento modificativo, o un cambio en su operación. Después de un período razonable tras la implementación de la solución, es necesario llevar a cabo una evaluación de los resultados. Esta evaluación permite determinar si la solución ha generado el efecto deseado o si, en su lugar, es preciso identificar una nueva causa raíz y proponer una solución alternativa.

7.3.4 Sistema de Reporte de Fallos, Análisis y Acciones Correctivas

El sistema de reporte de fallos, análisis y acciones correctivas (*Failure Reporting, Analysis, and Corrective Action*, FRACAS) también emplea el enfoque inverso. Esta técnica tiene como objetivo interrumpir el ciclo de averías mediante la eliminación sistemática de defectos en procesos y equipos, apoyándose en los datos recopilados durante fallos anteriores.

Para implementar FRACAS, se inicia elaborando un informe de fallos que detalle claramente el equipo o componente afectado, los síntomas del fallo y las condiciones de operación de la máquina en el momento del incidente. Posteriormente, se lleva a cabo un análisis de causa raíz (RCA) para identificar la verdadera causa del fallo. Por último, se implementan y verifican acciones correctivas o preventivas que eviten la recurrencia del fallo. Todo el proceso debe documentarse con el fin de garantizar la trazabilidad de la máquina y la estandarización de las tareas de mantenimiento, permitiendo que los cambios aplicados sean replicables, por ejemplo, en una máquina gemela.

Aunque existen estándares de carácter militar como la americana MIL-STD-2155 - *Failure reporting, analysis and corrective action system*, a nivel civil la norma UNE-EN ISO 14224 *Industrias del petróleo, petroquímicas y del gas natural. Recogida e intercambio de datos de mantenimiento y fiabilidad de los equipos* establece los requisitos para aplicar FRACAS. Si bien esta norma está dedicada a industrias como la petrolera, petroquímica y del gas natural, sus directrices son aplicables a otros sectores industriales.

No obstante, la aplicación de FRACAS puede presentar ciertos desafíos. Si la solución más viable implica la incorporación de nuevas tareas de mantenimiento, estas deben ser introducidas empleando métodos como el análisis de modos de fallo, efectos y criticidad, o el mantenimiento centrado en la confiabilidad, con el objetivo de evitar una acumulación de tareas sin valor añadido. Asimismo, el sistema de almacenamiento de datos debe estar informatizado para garantizar economía y precisión y es importante considerar que la técnica FRACAS no es de aplicación inmediata, debido a la necesidad de contar con datos históricos suficientes para su implementación efectiva. Con el ánimo de completar los datos históricos, si se aplica FRACAS los componentes defectuosos no deben ser desechados de inmediato, sino que deben ser etiquetados y almacenados durante un período de uno a dos meses, de modo que estén disponibles en caso de que se requiera una investigación más detallada.

7.3.3 Análisis de Árbol de Fallos

El análisis de árbol de fallos (*Fault Tree Analysis*, FTA) también utiliza el enfoque inverso y se ocupa de la identificación y análisis de las condiciones y factores que causan, o que pueden potencialmente contribuir a la ocurrencia de un fallo o avería de la máquina.

Un árbol de fallos es una representación gráfica organizada de las condiciones u otros factores que causan o contribuyen a la ocurrencia del fallo. El análisis FTA puede utilizarse para analizar sistemas con interacciones complejas entre componentes, incluyendo interacciones entre software y hardware.

El análisis del árbol de fallos puede ser cualitativo o cuantitativo, dependiendo del alcance. El FTA puede realizarse de forma independiente o en conjunto con otros análisis de fiabilidad, y sus objetivos incluyen:

- Identificación de las causas o combinaciones de causas que conducen al fallo.
- Determinación de si una medida particular de fiabilidad cumple con un requisito establecido.
- Determinación de qué modo de fallo sería el mayor contribuyente a la probabilidad de fallo o indisponibilidad del sistema y cuando el sistema es reparable.
- Análisis y comparación de diversas alternativas de diseño para mejorar la fiabilidad del sistema.

Es importante entender que un árbol de fallos está diseñado específicamente para su evento superior, es decir, un fallo concreto. Por lo tanto, el árbol de fallos incluye únicamente aquellos fallos que contribuyen a este evento superior en particular por lo que en el análisis puede parecer que se han omitido algunos fallos secundarios. Además, los fallos generados no son exhaustivos, sino que contienen solo aquellos fallos que el analista considera realistas.

La construcción de un árbol de fallos comienza identificando el evento indeseable a analizar y continúa hacia abajo, hasta que se hayan identificado las causas más básicas mediante el uso de diferentes puertas lógicas. El modelo completo del árbol de fallos representa las relaciones entre todas las causas básicas y el evento indeseable. Puede haber múltiples formas en las que el evento indeseable puede ocurrir, y cada una de ellas se representa mediante una combinación de causas básicas. Los árboles de fallos consisten en puertas lógicas y eventos conectados entre sí. Los símbolos básicos para construir el árbol de fallos se muestran en la Tabla 2:

Tabla 2 – Símbolos básicos para la elaboración del árbol de fallos.

Símbolo	Denominación	Descripción
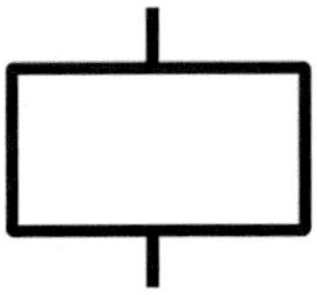	Evento resultante	Un evento que resulta de la combinación de otros eventos.
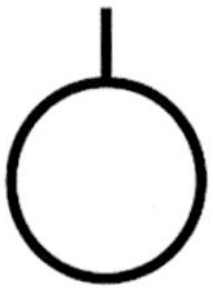	Evento básico	Un evento que no puede ser desarrollado más allá.
	AND	El evento de salida ocurre solo si todos los eventos de entrada ocurren.
	OR	El evento de salida ocurre si cualquiera de los eventos de entrada ocurre.
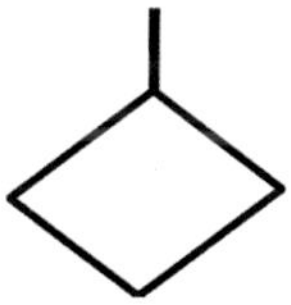	Evento sin desarrollar	Un evento primario que representa una parte del sistema que aún no se ha desarrollado.

El árbol de fallos también puede ser un método cuantitativo para calcular la probabilidad de que ocurra un evento superior no deseado. Existen dos métodos utilizados para calcular esta probabilidad, aunque en ambos es necesario determinar las tasas de fallo de todos los eventos básicos.

En primer lugar, se puede recurrir a la suma de probabilidades. Para calcular la probabilidad de ocurrencia del evento principal utilizando este método, se debe comenzar en la base del árbol y calcular las probabilidades para cada puerta, subiendo por el árbol hasta llegar al evento principal. Para ello, se aplican las siguientes reglas a las puertas lógicas AND y OR, Ecuaciones 7 y 8.

Para la puerta lógica AND, la probabilidad de fallo es:

$$P_{tot_{AND}} = P_A * P_B \quad (7)$$

Y para la puerta lógica OR, la probabilidad de fallo se calcula:

$$P_{tot_{OR}} = P_A + P_B - (P_A * P_B) \quad (8)$$

Sin embargo, este método no funciona si hay ocurrencias múltiples de eventos o ramas dentro del árbol. En este caso, debe utilizarse el segundo método que aplica conjuntos, combinando fallos en componentes de hardware y software que causarán el fallo del sistema. Para el método de cálculo de probabilidades mediante conjuntos, una vez obtenidos, se puede realizar un análisis cuantitativo del árbol de fallos evaluando las probabilidades. Las evaluaciones cuantitativas se realizan más fácilmente de manera secuencial, comenzando por determinar las probabilidades de fallo de los componentes, luego determinando las probabilidades de los conjuntos y, finalmente, determinando la probabilidad de que ocurra el evento principal sumando las probabilidades de cada uno de los conjuntos.

7.3.4 Diagrama de Pareto

El diagrama de Pareto es una herramienta muy utilizada en la planificación del mantenimiento, y tiene como propósito identificar las principales causas de fallos o averías dentro de un equipo o sistema. El diagrama está basado en el principio 80/20, por lo que permite visualizar que un pequeño porcentaje de los problemas o componentes, habitualmente en una cantidad aproximada al 20%, son responsables de la mayor parte de los fallos, alrededor del 80%. Este método facilita la priorización de los esfuerzos de mantenimiento en aquellos aspectos que tienen un mayor impacto en la disponibilidad del sistema, optimizar recursos y centrarse en las causas más críticas.

El listado ABC es una técnica que complementa al diagama de Pareto y se utiliza para clasificar los equipos, repuestos o actividades de mantenimiento según su importancia relativa. Esta técnica agrupa los elementos en tres categorías: A, B y C, siendo A los más críticos, B los de importancia media y C los de menor relevancia. Con esta clasificación se priorizan los esfuerzos y recursos en aquellos elementos que afectan de manera más significativa la disponibilidad de la instalación. Los elementos clasificados como A requieren una atención más frecuente y detallada, mientras que los de clase C pueden tener una frecuencia de mantenimiento menor.

Ambas herramientas, el diagrama de Pareto y el listado ABC, se complementan al proporcionar un enfoque sistemático para la toma de decisiones de mantenimiento. Mientras el diagrama de Pareto identifica las áreas de mayor impacto en los fallos, el listado ABC organiza y prioriza los recursos y actividades necesarias para abordar dichos problemas. La Tabla 3 y la Figura 10 muestran un ejemplo de estas dos técnicas.

Tabla 3 – Recuento de fallos y listado ABC.

Fallo	Eventos	Listado ABC
Fallo 1	46	A
Fallo 2	25	B
Fallo 3	18	C
Fallo 4	7	
Fallo 5	6	
Fallo 6	4	
Fallo 7	3	

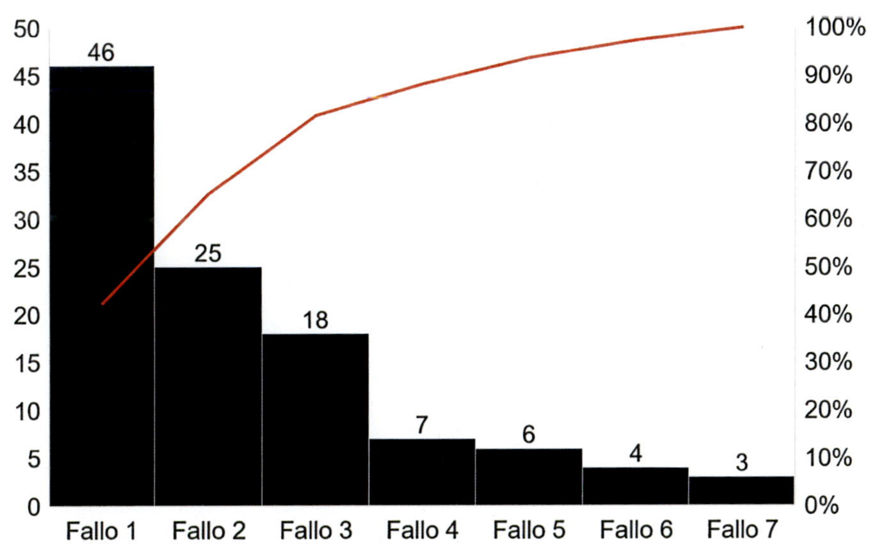

Figura 10 – Diagrama de Pareto elaborado con los datos de la Tabla 3.

Capítulo 8
Planificación del Mantenimiento

Aunque los trabajos de mantenimiento correctivo ocurren de manera aleatoria, una adecuada planificación en el Departamento de Mantenimiento es fundamental para mitigar la carga adicional que generan las reparaciones de emergencia. Esta planificación debe basarse en la preparación anticipada frente a posibles averías, considerando los modos de funcionamiento de cada máquina, las fases operativas, las consignas de seguridad correspondientes y los equipos y herramientas especiales necesarias.

Si bien elaborar esta planificación añade trabajo al Departamento, constituye una tarea que permite programar y organizar el desarrollo de las reparaciones. De este modo, el tiempo dedicado a la preparación de los mantenimientos correctivos puede distribuirse en varios días o semanas. Cuanto más precisa sea la definición de las tareas y los recursos requeridos, mejor se podrá gestionar la reparación cuando sea necesaria. Cabe señalar que las reparaciones de urgencia, debido a su carácter inmediato y la dificultad de diagnóstico sin desmontar la máquina, quedan excluidas de esta planificación. No obstante, los trabajos de revisión y las reparaciones programadas con antelación sí forman parte de este proceso.

Los responsables de mantenimiento deben comprender la importancia de una planificación adecuada, que permita minimizar tiempos muertos, la falta de repuestos básicos y el uso ineficiente de recursos técnicos y humanos. En cuanto a la gestión de recursos humanos, esta preparación tiene como objetivo evitar duplicidades en las tareas asignadas.

La productividad típica de los departamentos de mantenimiento tradicionales, medida en términos de tiempo efectivo de trabajo sobre la máquina (*wrench time*), oscila entre el 25% y el 35%. Por ejemplo, con una productividad del 35%, una persona en un turno de 8 horas realiza un progreso efectivo durante menos de 3 horas, mientras que el resto de la jornada se dedica a actividades no productivas, como pausas necesarias o retrasos para obtener piezas, instrucciones o herramientas. La implementación de una planificación adecuada debería aumentar la productividad a aproximadamente un 45%. A medida que se desarrollen históricos sobre los equipos que permitan evitar problemas recurrentes, la productividad podría incrementarse hasta un 50%. Finalmente, una mejora adicional, que eleva la productividad por encima del 55%, se logra mediante herramientas especiales, como una gestión más sofisticada de inventarios o almacenes, y la automatización de ciertos procesos.

El incremento en la productividad generado por un mantenimiento bien planificado podría inducir a la idea de que es posible reducir el número de puestos de trabajo en el Departamento de Mantenimiento. Sin embargo, esto no es así. En las empresas con una alta carga de mantenimiento reactivo, el tiempo adicional se utiliza para abordar todos los trabajos correctivos. En las empresas donde el mantenimiento reactivo está bajo control, ese tiempo se destina a realizar tareas de mantenimiento proactivo, lo que ayuda a evitar trabajos reactivos. Finalmente, en las empresas con un mantenimiento preventivo bien establecido, se emplea el tiempo adicional para ofrecer formación que mejore las habilidades del personal y llevar a cabo proyectos dirigidos a optimizar los equipos y procesos de la instalación.

8.1 Categorización de los Trabajos de Mantenimiento

Dentro de los trabajos de mantenimiento existen diversas categorías, ya explicadas en detalle anteriormente, pero no todas ellas son susceptibles de preparación anticipada:

- Trabajos de mantenimiento habituales
    - Correctivo: Reparaciones a pie de máquina o en taller.
    - Proactivo: Trabajos para prevenir que los equipos fallen, tareas de mantenimiento preventivo y de mejora de los equipos.

Los programas de mantenimiento que fracasan lo hacen porque intentan aplicar la misma metodología para diferentes tipos de trabajos. El principal error radica en que estos programas no son sensibles a las necesidades inmediatas del mantenimiento correctivo, ya que, por su naturaleza urgente, no resulta factible proporcionar planes de trabajo detallados para estos trabajos. Al respecto, existen tres corrientes de pensamiento sobre cómo la planificación del mantenimiento debe abordar el mantenimiento correctivo. La primera corriente sostiene que, una vez que ocurre una avería, la planificación no debe intervenir y debe dejarse la resolución completamente en manos del equipo de mantenimiento presente en la instalación. La segunda corriente defiende que la planificación debe tratar todos los trabajos de la misma manera. La tercera corriente considera que la planificación debe involucrarse en todos los trabajos, pero tratando el mantenimiento correctivo de manera diferente al mantenimiento proactivo. En esta tercera corriente, el trabajo de planificación consiste en crear un archivo histórico de cada máquina con la retroalimentación de los trabajos de mantenimiento correctivo, el cual podría ayudar en un trabajo futuro. Ninguna de estas corrientes recomienda la intervención de la planificación en aquellas averías que se categorizan como verdaderas emergencias en la instalación.

Continuando con la categorización de trabajos:

- Trabajos de mantenimiento extraordinarios
  - Reacondicionamiento o reconstrucción de máquina.
  - Traslado de equipos.
- Trabajos de mantenimiento de mejora
  - Reducción de costes operativos y de mantenimiento.
  - Aumento de la eficiencia energética.
  - Mejora de la seguridad.
  - Implementación de nuevos equipos.
- Trabajos auxiliares
  - Fabricación de herramientas y utillajes.
  - Limpieza.

Según su importancia para la instalación, estos mismos trabajos se podrían categorizar como:

- Trabajos sencillos: Aquellos cuya duración no excede una jornada laboral, pueden realizarse en el lugar de operación sin necesidad de herramientas especiales ni personal altamente cualificado. Constituyen la mayoría de las tareas de mantenimiento y su coste es bajo si la frecuencia no es excesiva.

- Trabajos complejos: Aquellos cuya duración supera una jornada laboral y/o requieren herramientas especiales o equipos auxiliares como grúas, equipos de alta precisión y personal especializado. Aunque estos trabajos son menos frecuentes, su elevado coste representa una porción significativa del presupuesto.

Desde el punto de vista del plazo disponible para su ejecución, los trabajos de mantenimiento pueden ser:

- Vitales: En los que se pone en peligro la instalación o la seguridad de las personas y que deben iniciarse y completarse de manera segura en el menor tiempo posible.

- Urgentes: No implican riesgo para la vida de los trabajadores, pero requieren iniciarse en un plazo corto, entre tres y cinco días desde que se presenta la avería.

- Planificables: Pueden ejecutarse a partir de los cinco días desde la aparición de la avería, permitiendo así su preparación.

En muchas instalaciones no se establece una distinción clara entre estas categorías, tendiéndose a clasificar todos los trabajos como urgentes, lo cual no refleja la realidad. Es crucial que los responsables de mantenimiento establezcan criterios y prioridades para asegurar que se atienden en primer lugar los trabajos verdaderamente vitales o urgentes. Aquellos que comprometen la seguridad de las personas o de los activos de la instalación se considerarán vitales, seguidos de las averías que detengan la operación de la instalación. En la categoría de trabajos urgentes se incluirán aquellos que interrumpan ciertas partes de la instalación o inhabiliten líneas de maquinaria, afectando la redundancia.

En términos generales, los trabajos de mantenimiento que sean sencillos, vitales o urgentes, deberán contar con una planificación general, dejando abiertos los detalles menores. Esto se debe a que no resulta rentable dedicar demasiado tiempo a la planificación de estos trabajos, principalmente por el coste asociado a la parada de la instalación. Los trabajos sencillos y planificables no requerirán preparación previa, ya que su gravedad permite dedicarles tiempo antes de realizar la reparación.

Para los trabajos complejos, aquellos clasificados como vitales o urgentes deberán planificarse detalladamente, dado que su complejidad implica diversas subtareas o el empleo de equipos especializados, y la falta de detalle en la planificación puede ocasionar pérdidas de tiempo. En el caso de los trabajos complejos y planificables, se delinearán pautas generales a modo de recordatorio, con el objetivo de no omitir tareas importantes.

En caso de duda sobre si conviene o no dedicar recursos a la preparación anticipada de un trabajo de mantenimiento, se evaluará el umbral de rentabilidad de la preparación.

Como se observa en la Figura 11, la línea "Trabajo no preparado" inicia con un coste cero, mientras que la línea "Trabajo preparado" parte de un coste inicial que considera los recursos ya empleados en la preparación. Si la duración del trabajo supera el punto de corte entre ambas líneas, se debería optar por la preparación anticipada, ya que resulta más económica. La información recopilada durante la preparación de la tarea se incluirá en la orden de trabajo.

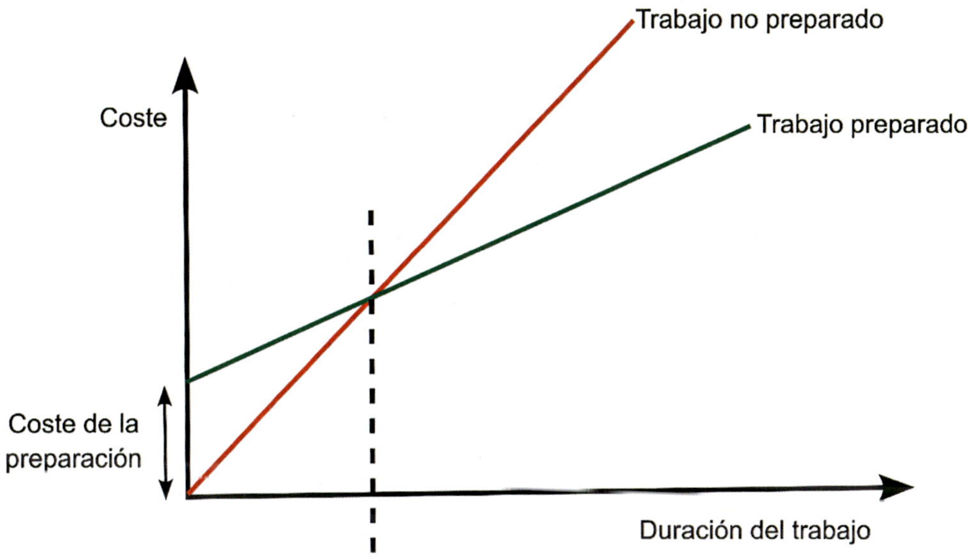

Figura 11 – Umbral de rentabilidad en la preparación de trabajos.

Además, se pueden considerar las siguientes reglas para decidir si el trabajo no es objeto de planificación:

- El trabajo no genera datos históricos de valor para futuras tareas.
- La estimación del trabajo no supera las cuatro horas totales de trabajo.
- Aunque se puedan requerir piezas, no es necesario realizar pedidos.

Aquellos trabajos que incumplan una o más de estas reglas deberían ser planificados.

8.1.1 Planificación del Mantenimiento de Nuevas Instalaciones

En el momento en que se pone en marcha una instalación, no están disponibles datos históricos, por lo que la información está limitada a los manuales de los fabricantes y del integrador de equipos, en caso de existir. Para predecir el mantenimiento necesario en la instalación, se pueden utilizar dos métodos:

- Panel de consenso: Este método genera una previsión basada en las estimaciones promedio de un grupo de expertos. La idea es que un panel de personas de diversas posiciones dentro de la empresa sea capaz de desarrollar una previsión más fiable que un grupo más reducido.

- Método Delphi: Técnica grupal que emplea un panel de expertos que es cuestionado de forma individual sobre sus percepciones de eventos futuros. Los expertos no se reúnen como grupo para reducir la posibilidad de que se alcance un consenso debido a factores de personalidad dominante. En su lugar, las previsiones y los argumentos correspondientes son resumidos por una parte externa y devueltos a los expertos junto con nuevas preguntas. Este proceso continúa hasta que se alcanza un consenso.

8.2 Preparación de Trabajos y Estandarización

La preparación de un trabajo debe comenzar con una revisión técnica exhaustiva, que exige un conocimiento detallado de la instalación, las máquinas y los procesos involucrados. Para desarrollar este conocimiento, es indispensable utilizar recursos como la documentación técnica de las máquinas. En este sentido, el Departamento de Mantenimiento debe recopilar y organizar la mayor cantidad posible de información sobre la maquinaria presente en la instalación. Documentos como planos de las máquinas, esquemas de circuitos eléctricos y de fluidos, manuales de instrucciones y catálogos de repuestos específicos deben estar localizados y archivados de manera adecuada. Aunque esta cantidad de documentación pueda parecer abrumadora en el día a día, resulta esencial para generar documentos internos más prácticos y manejables.

En ocasiones, pueden surgir dificultades, como la necesidad de traducir e interpretar documentación en idiomas extranjeros o la ausencia de planos de fabricación para ciertos repuestos, que deberán ser elaborados manualmente. Una vez adquirido el conocimiento sobre la máquina, es prioritario analizar los casos clasificados como críticos o urgentes, donde la resolución de la avería debe realizarse en el menor tiempo posible. En tales situaciones, puede ser más eficiente y seguro reemplazar un conjunto completo de la máquina en lugar de reparar exclusivamente la pieza dañada, especialmente si esta última es de difícil acceso.

El conjunto defectuoso se trasladará al taller para su reparación, permitiendo que la máquina continúe operativa.

Esta técnica, conocida como estandarización, facilita la mantenibilidad del equipo al simplificar las reparaciones y mejorar la disponibilidad de las máquinas. Sin embargo, una desventaja de este enfoque es la inversión inicial significativa que requiere, dado que implica contar con conjuntos completos de repuesto en lugar de componentes individuales. Por ello, el Departamento de Mantenimiento debe seleccionar cuidadosamente los conjuntos necesarios, evitando paradas prolongadas por averías. En este proceso de selección, es útil aplicar criterios de rentabilidad, considerando el coste de adquirir y almacenar los conjuntos frente al impacto económico de mantener la máquina inoperativa. En instalaciones con accesos complicados o transporte poco fiable, la estandarización adquiere especial relevancia, ya que busca maximizar el uso de componentes comunes, reducir problemas de almacenamiento y codificación de repuestos, y simplificar tanto el inventario como los procesos de mantenimiento.

Dentro de la estandarización se identifican dos categorías principales de conjuntos:

- Naturales: Incluyen elementos singulares como motores, reductores, acoplamientos y tarjetas electrónicas, entre otros.

- Artificiales: Formados por combinaciones específicas de componentes de la planta o por la agrupación de varios conjuntos naturales.

Asimismo, se incluyen los materiales de consumo, como tornillos, tuercas, correas, rodamientos convencionales, retenes, arandelas y fusibles. Estos elementos, al no ser específicos, pueden adquirirse con facilidad. En la documentación de la instalación elaborada por el Departamento de Mantenimiento, es importante detallar tanto la necesidad de estos materiales como las cantidades requeridas para garantizar su disponibilidad.

La estandarización debe ser un objetivo prioritario en el diseño de los equipos, ya que el uso de componentes no estándar incrementa los costes de mantenimiento y reduce la fiabilidad. Algunas de las ventajas de la estandarización son:

- Reducción del riesgo de utilizar las piezas incorrectas.

- Eliminación de la necesidad de piezas especiales.

- Mayor fiabilidad.

- Reducción de accidentes causados por procedimientos incorrectos o poco claros.

- Reducción de los costes de fabricación y mantenimiento.
- Reducción de problemas de aprovisionamiento y almacenamiento.

En el caso de los consumibles, como aceites y grasas, también es posible aplicar estandarización. Dado que una instalación típica incluye equipos de diferentes fabricantes, cada uno puede recomendar esquemas de lubricación y productos específicos, lo que puede generar una lista extensa y difícil de gestionar. Por lo tanto, es razonable restringir esta lista a marcas de confianza, organizando los aceites según sus características y aplicaciones. Si surge una nueva opción interesante en el mercado, se evaluará su incorporación, creando un epígrafe específico si las características del producto son diferentes a las existentes.

Por último, otro aspecto esencial en la preparación de los trabajos es disponer de las herramientas necesarias para cada tarea. Aunque las instalaciones y talleres suelen contar con herramientas generales, es importante prever la necesidad de útiles específicos y medios auxiliares que podrían ser indispensables para la ejecución adecuada de las labores de mantenimiento. Entre estos se incluyen:

- Herramientas de montaje
    - Extractores.
    - Llaves especiales, aquellas que, por sus características (como aislamiento eléctrico, propiedades ignífugas, forma o tamaño), resultan necesarias para ciertas tareas específicas.
    - Soldadura especial.
- Medios de maniobra
    - Grúas.
    - Polipastos.
    - Medios de elevación.
- Elementos de seguridad
    - Pértigas y banquetas de aislamiento eléctrico.
    - Equipos de rescate para espacios confinados.

Todos estos elementos deben estar debidamente inventariados y mantenidos, considerando que algunos de ellos requieren inspecciones periódicas. Esto garantizará que los equipos estén disponibles cuando sea necesario para ejecutar el trabajo, evitando retrasos y asegurando la continuidad de las operaciones.

8.2.1 Codificación de Máquinas y Equipos

El objetivo es codificar todas las máquinas y equipos de la instalación, incluyendo locales, redes de distribución (como tuberías), instalaciones auxiliares y repuestos. Aunque esta codificación no es un paso esencial en el mantenimiento preventivo, permite seleccionar las máquinas que estarán sujetas a este mantenimiento y organizar el tipo de mantenimiento aplicable al resto.

Al realizar la codificación, se deben considerar dos aspectos: la función de la máquina dentro de la instalación o proceso, y su localización en la instalación. Una vez conocidos estos aspectos, se establece una codificación de tres niveles de dígitos:

- Primer nivel: Define las secciones que realizan una función determinada dentro de la instalación. En la industria, estas secciones podrían ser mecanizado, montaje, pintura, etc., mientras que en un buque podrían referirse a propulsión, generación eléctrica, climatización, entre otras. Idealmente, se usará un solo dígito (del 0 al 9); no obstante, si existen más de diez categorías, se podrá utilizar un código de dos dígitos, permitiendo así hasta cien categorías.

- Segundo nivel: Se basa en las secciones definidas en el primer nivel y especifica los procesos dentro de cada sección. Este nivel atiende a los procesos, que comprenden conjuntos de máquinas cuya parada imprevista puede detener al resto. Por ejemplo, una avería en el viscosímetro del módulo de combustible podría conllevar la parada de las depuradoras y de los motores de propulsión del buque. En caso de que un proceso incluya máquinas que operen de forma independiente o redundante, estas podrán agruparse en dos conjuntos. En este segundo nivel, los códigos estarán compuestos por dos dígitos, del 00 al 99.

- Tercer nivel: Define cada una de las máquinas que conforman los procesos del segundo nivel. En caso de disponer de equipos auxiliares asociados a una máquina principal (como equipos de regulación, informáticos o de engrase), estos se considerarán máquinas independientes y recibirán un código propio. Este tercer nivel se representará mediante un código de tres dígitos, del 000 al 999.

De este modo, se genera un código específico para cada máquina en particular, compuesto por tres secciones (Figura 12):

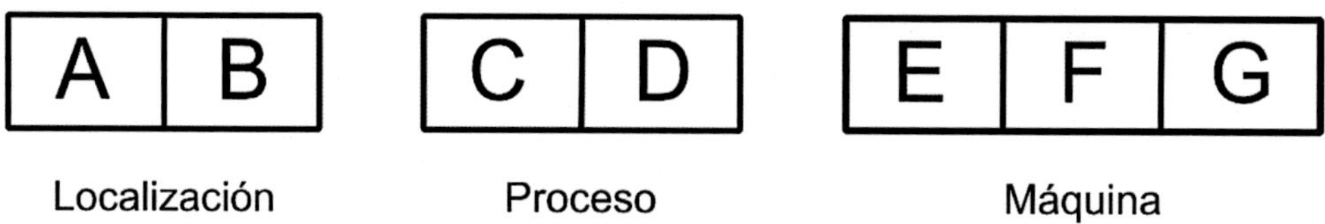

Figura 12 – Codificación de máquinas.

Para la correcta utilización del código, se tendrán en cuenta las siguientes reglas:

- Se intentará que el código del primer nivel se asigne por orden de importancia, de modo que las secciones más relevantes reciban los primeros números, dejando los últimos para las instalaciones menores.
- Los procesos del segundo nivel se enumerarán en el orden en que ocurre el proceso; alternativamente, podrían ordenarse según su importancia.
- Las máquinas que conforman el tercer nivel se numerarán siguiendo el orden del proceso.
- En caso de previsión de ampliación de la instalación o de incorporación de nueva maquinaria, se deben reservar códigos para asignar a dichas máquinas.
- Si una máquina pudiera asignarse a dos o más procesos, se codificará en el proceso más relevante.

8.2.2 Elaboración de Boletines de Mantenimiento

Se elaborará un boletín para cada máquina o grupo funcional. Este dossier debe responder de manera concisa a las preguntas qué, cómo y cuándo se debe llevar a cabo la inspección o tarea de mantenimiento (por ejemplo, cambio de componente consumible o engrase).

Idealmente, el boletín incluirá un esquema de la máquina en cuestión, en el cual se indicarán, numerados, los puntos de inspección. A continuación, habrá una sección dedicada a explicar cómo se debe proceder en la inspección de cada uno de los puntos marcados en el esquema; si es necesaria alguna herramienta especial, se deben disponer de los repuestos o consumibles necesarios para ejecutar cada tarea. Además, para cada tarea se debe especificar el estado en que debe encontrarse la máquina al momento de la revisión (en funcionamiento, máquina parada o desmontaje), la frecuencia con la que deben realizarse las revisiones y el tiempo estimado para ejecutar cada una de las tareas.

Para determinar la frecuencia de inspección de la máquina, se observarán las instrucciones del fabricante, especialmente si la máquina aún está en período de garantía, dado que una manipulación inadecuada puede invalidarla. En caso de contar con el mismo tipo de máquina en la instalación, se podrá hacer uso de la experiencia adquirida y del historial de las otras máquinas del mismo tipo para ajustar los puntos de inspección y su frecuencia. En la medida de lo posible, se intentará seguir frecuencias estándar, tales como diaria, semanal, quincenal, mensual, trimestral, semestral o anual.

Al clasificar las tareas de mantenimiento, se pueden categorizar en tres tipos:

- Inspección: Tarea realizada con la máquina en funcionamiento, en la cual el operario de mantenimiento evalúa la máquina haciendo principalmente uso de sus sentidos.

- Verificación: Implica el uso de instrumentos de medida que ofrecen resultados más objetivos y cuantificables que la simple aplicación de los sentidos humanos.

- Revisión: Se efectúa con la máquina parada o incluso desmontada, y generalmente requiere el desmontaje de protecciones y/o subconjuntos. Es común cuando se aplica la clase de mantenimiento preventivo sistemático que incluye el cambio de componentes.

Es importante subrayar que la realización de las tareas de mantenimiento con la máquina en marcha no precisa coordinación alguna con otros departamentos, dado que la instalación continúa su proceso. Por ello, se puede fijar el día exacto de cada mes en que se efectuará dicha inspección.

Sin embargo, las revisiones, en las que se requiere que la máquina esté parada o desmontada, exigen coordinar con el resto de departamentos la fecha de parada para evitar interferencias en el funcionamiento normal de la instalación. Por esta razón, es conveniente planificar estos trabajos con un margen de, al menos, una semana.

Estas programaciones, aunque se presentan en conjunto, son en realidad independientes. Al llevarlas a cabo, es recomendable que el responsable de mantenimiento equilibre la carga de trabajo, de forma intuitiva al principio, para luego ajustarla según la experiencia adquirida.

8.3 Gestión de Tiempos

Posteriormente, resulta fundamental realizar una estimación temporal de cada fase del trabajo, teniendo siempre en cuenta las restricciones impuestas por la seguridad. Las horas de trabajo corresponden a las horas reales trabajadas por el personal técnico, mientras que la duración del trabajo hace referencia al tiempo total que dura la tarea. Por ejemplo, en un trabajo de reparación de una bomba que se extendió durante dos días completos, en el que participaron dos personas trabajando 10 horas cada día, las horas de trabajo serían 40. No obstante, la duración del trabajo sería de 20 horas.

La planificación de los trabajos permitirá calcular la mano de obra necesaria en horas-hombre. Este cálculo constituye una estimación, dado que diversos estudios han demostrado que los intentos de determinar tiempos exactos para las tareas de mantenimiento suelen generar resultados poco precisos. Las principales dificultades al realizar estas estimaciones son:

- Las tareas de mantenimiento no suelen consistir en actividades repetitivas diarias. Esto, sumado a la gran diversidad de tareas que debe llevar a cabo el Departamento de Mantenimiento, implica que los operarios no tengan la oportunidad de perfeccionar sus habilidades en todos los ámbitos.

- En determinados casos, las reparaciones deben ser realizadas por diversos especialistas del Departamento de Mantenimiento (mecánicos o electricistas, entre otros), lo que puede causar retrasos debido a la coordinación requerida entre técnicos.

- Cada trabajo, aunque se realice sobre el mismo componente de la misma máquina, se verá afectado por distintos factores, lo que obligará a los operarios a implementar soluciones específicas en cada caso.

La persona responsable de la planificación elaborará las estimaciones de las horas de trabajo y la duración del mismo a partir de su juicio personal y la consulta de datos históricos, en caso de que el trabajo a planificar haya sido realizado previamente. El objetivo de la planificación es estimar razonablemente las horas que requerirán los técnicos experimentados, sin considerar retrasos imprevistos. Esto implica que la persona encargada de la planificación debe estimar el tiempo de trabajo para un técnico competente, no para el técnico promedio, ni para el más lento ni para el más rápido. Estimar el tiempo de cada tarea para el técnico más lento conlleva añadir un exceso de tiempo a cada trabajo. Cuando todos los trabajos se planifican de esta manera, se acumula un exceso de tiempo que la mayoría de los técnicos no necesitarían. Por otro lado, estimar el tiempo de cada trabajo para el técnico promedio también presenta inconvenientes. "Promedio" implica que, probablemente, el mismo número de técnicos en la misma categoría necesitarán más tiempo que el que requerirán otros. Además, el nivel de habilidad varía según el tipo de trabajo dentro de la misma clasificación, por lo que los técnicos más rápidos en algunos aspectos podrían ser los más lentos en otros, y podría existir solo una ilusión sobre lo que significa "tiempo promedio".

La expresión "sin retrasos imprevistos" implica que la planificación debe incluir el tiempo de descanso de los técnicos, pero no el tiempo destinado a la búsqueda de piezas, herramientas o instrucciones que se necesiten de manera imprevista y que no hayan sido consideradas en la planificación. Los trabajos que tarden más o menos tiempo del estimado deben ser reportados por el personal técnico en la orden de trabajo, indicando las causas. Estos comentarios ayudarán a corregir el plan y a reducir los retrasos en futuros trabajos. Durante la elaboración del plan, los responsables no deben añadir tiempo extra por si surgen problemas. Si el plan incluye automáticamente tiempo para retrasos imprevistos o personal técnico inexperto, los problemas reales que provocaron el retraso podrían no ser descubiertos si se cumplan las estimaciones de tiempo generales.

Adicionalmente, los planes de trabajo deben incluir un período para que, al finalizar ciertos trabajos, se destine tiempo a la limpieza.

8.4 Medios humanos

La estimación de los recursos humanos necesarios para ejecutar una tarea es un proceso más complejo que los anteriores, ya que cada persona tiene un ritmo de trabajo y un nivel de conocimiento específicos. Idealmente, el responsable de mantenimiento deberá contar con una amplia experiencia y un conocimiento profundo del equipo humano, lo que le permitirá asignar las tareas de manera eficiente y estimar con precisión las necesidades de personal. En términos generales, se considera que una persona dedicada a la planificación del mantenimiento puede organizar el trabajo de entre 20 y 30 personas.

Por lo general, los trabajos de campo se llevan a cabo en equipos de dos o más personas, a excepción de las intervenciones menores en sistemas hidráulicos y neumáticos, así como en pequeños equipos electrónicos. En cambio, las tareas rutinarias de mantenimiento realizadas en el taller suelen ser ejecutadas por una sola persona. Los responsables de la planificación de trabajos deben organizar las tareas de manera que se favorezca el empleo de personal con menor cualificación. Cada trabajo requiere un nivel mínimo de habilidad técnica, el cual varía según el tipo de tarea. Si un trabajo puede ser realizado tanto por un técnico junior como por uno con amplia experiencia y certificaciones, el plan de trabajo no debe especificar que se requiere un técnico certificado, ya que esto limitaría las opciones disponibles para asignar la tarea. Por otro lado, la persona encargada de la planificación no podrá asignar la tarea a un aprendiz que no cuente con los niveles mínimos de habilidad necesarios para ser considerado apto para el trabajo.

Es habitual que la planificación de los trabajos de mantenimiento a realizar en el taller sea a más corto plazo que aquellos que deben ejecutarse en campo, a pie de máquina. Una de las principales razones de esta diferencia es que el funcionamiento del taller no suele influir directamente en el funcionamiento de la instalación; los trabajos que llegan al taller corresponden, en general, a componentes reemplazados mediante la técnica de estandarización. En muchas ocasiones, la organización del trabajo en el taller no sigue una estructura temporal diaria, semanal o mensual como el trabajo de campo, sino que se clasifica en tres categorías: trabajos en proceso, interrumpidos y previstos.

En el caso de grandes reparaciones, donde se llevan a cabo trabajos de mantenimiento correctivo y preventivo, a veces de manera oportunista (como ocurre en la revisión de equipos auxiliares durante la parada de planta en una central térmica), se utilizan herramientas de planificación más complejas, tales como los diagramas de Gantt y la técnica PERT. Esto se debe a que las paradas de planta y las entradas en astillero son proyectos de gran envergadura, conformados por numerosas tareas de diversa importancia y que requieren la concurrencia de numerosos recursos materiales, humanos y financieros. Estas herramientas permiten controlar las horas dedicadas a cada tarea, identificar aquellas que presentan retrasos y detectar los cuellos de botella que obstaculizan la finalización de los trabajos.

8.4.1 Técnica de Revisión y Evaluación de Programas

La Técnica de Revisión y Evaluación de Proyectos (*Program Evaluation and Review Techniques*, PERT) es una metodología estadística utilizada en la administración y gestión de proyectos, diseñada para analizar y representar las tareas necesarias para completar un proyecto. Desarrollada en 1957 por la Oficina de Proyectos Especiales de la Marina de los Estados Unidos, su objetivo era abordar la incertidumbre en la planificación de proyectos complejos, ofreciendo un enfoque probabilístico que permitiera determinar los tiempos requeridos para cada tarea y asegurar el cumplimiento de los plazos establecidos.

La creación de un diagrama PERT comienza con la descomposición del proyecto en tareas individuales, estableciendo las relaciones de precedencia entre ellas. Algunas tareas pueden ejecutarse en paralelo si no interfieren entre sí, mientras que, en la mayoría de los casos, las tareas estarán secuenciadas, lo que impedirá iniciar una tarea sin haber completado la anterior. Una vez organizadas las tareas y sus relaciones, se asignan tres estimaciones de tiempo a cada una: el tiempo optimista (TO), el tiempo más probable (TM) y el tiempo pesimista (TP). Con estos valores, se calcula el tiempo esperado (TE) para cada actividad utilizando la Ecuación 7:

$$TE = \frac{TO + (4 * TM) + TP}{6} \quad (7)$$

La Tabla 4 muestra un ejemplo de proyecto con sus tareas descompuestas y los tiempos esperados calculados:

Tabla 4 – Ejemplo de tabla de tareas y tiempos para PERT.

Tarea	Procedencia	T. Optimista	T. Probable	T. Pesimista	T. Esperado
A		10	15	40	18
B	A	30	37	42	37
C	B	55	70	120	76
D	C	7	13	15	12
E	D	2	5	10	5
F	E	10	20	40	22
G	C	51	95	157	98
H	F y G	120	150	250	162

Una vez obtenidos los valores de tiempo esperado para cada tarea, estas se representan gráficamente en un diagrama de red, en el que los nodos corresponden a eventos que marcan el inicio o la finalización de una actividad, y las flechas representan las actividades en sí. Cada flecha incluye información clave, como los valores de tiempo esperado calculados previamente. Este diagrama resulta fundamental para visualizar las dependencias y la secuencia lógica de las tareas, facilitando la identificación de posibles restricciones en el flujo del proyecto. La Figura 13 muestra el aspecto de un diagrama de red para un análisis PERT.

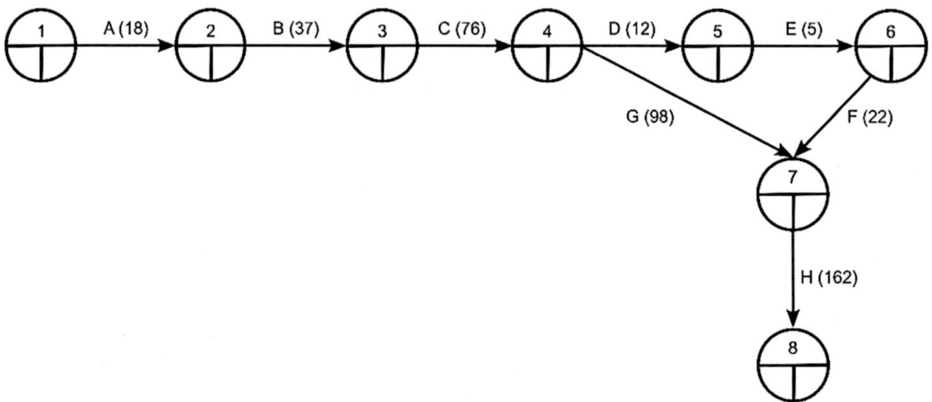

Figura 13 – Diagrama de red para PERT.

Una vez definido el diagrama de red, se procede a analizar todas las trayectorias posibles que conectan el nodo de inicio con el nodo final del proyecto. Cada trayectoria corresponde a una secuencia de actividades interrelacionadas, y la suma de sus duraciones determina la duración total de esa ruta. La trayectoria más larga, conocida como el camino crítico, establece la duración mínima requerida para completar el proyecto. El Departamento de Mantenimiento debe prestar especial atención a este camino, ya que cualquier retraso en una actividad crítica afectará directamente la fecha de finalización del proyecto, dado que no existe tiempo de margen entre las tareas.

Por otro lado, las holguras representan el tiempo adicional disponible para completar una actividad sin retrasar el proyecto en su totalidad, y aparecen en todas las trayectorias excepto en el camino crítico. Se calculan como la diferencia entre el tiempo máximo permitido para realizar una actividad (*Last*) y el tiempo mínimo necesario para completar todas las actividades que confluyen en un nodo (*Early*). Las actividades con holgura brindan cierta flexibilidad en la planificación, ya que permiten ajustes en el cronograma de esa trayectoria sin repercusiones en el camino crítico. El Departamento de Mantenimiento puede utilizar las holguras para priorizar recursos y mitigar riesgos, al identificar tanto las tareas más sensibles como aquellas que cuentan con margen para cambios o retrasos. En la Figura 14 se puede observar el diagrama de red anteriormente mostrado, con el camino crítico y las holguras añadidas.

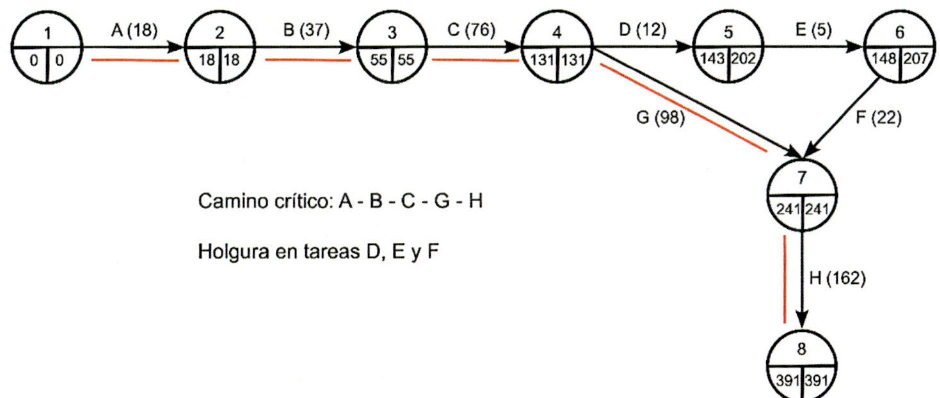

Figura 14 – Análisis PERT con holguras y camino crítico.

Las ventajas de la técnica PERT incluyen su capacidad para gestionar la incertidumbre, identificar las tareas críticas y optimizar los recursos. Sin embargo, presenta desventajas, como su alta dependencia de estimaciones precisas y la complejidad que conlleva en proyectos con un gran número de actividades. Se estima comúnmente que, si el número de actividades excede las 200, el diagrama de red puede volverse excesivamente denso y difícil de manejar. En el ámbito del mantenimiento industrial, el método PERT resulta especialmente útil en proyectos grandes y medianos, como paradas programadas de instalaciones o reemplazo de maquinaria crítica, en los cuales la gestión adecuada del tiempo y los recursos es esencial. En proyectos de menor escala, su implementación puede resultar innecesariamente compleja.

8.4.2 Diagrama de Gantt

El diagrama de Gantt es una herramienta esencial en la gestión de proyectos, reconocida por su utilidad en la planificación y el control. Su origen se remonta a la década de 1890, cuando fue concebido por el ingeniero ruso Karol Adamiecki. Posteriormente, fue adoptado y popularizado en el mundo occidental por el ingeniero Henry Laurence Gantt entre 1910 y 1915. Este recurso permite visualizar las tareas de un proyecto, mostrando su duración y secuencia en el tiempo. Aunque inicialmente se empleó en la industria manufacturera, su aplicación se extendió rápidamente a numerosos sectores, convirtiéndose en un componente clave de la gestión de proyectos.

La elaboración de un diagrama de Gantt sigue una metodología definida. Primero, se descompone el proyecto en tareas específicas, estimando la duración de cada una y estableciendo las relaciones de dependencia entre ellas. Es fundamental determinar cuáles deben completarse antes de iniciar otras y cuáles pueden desarrollarse en paralelo. Una vez identificados estos elementos, se asigna un eje temporal al diagrama, representando las actividades mediante barras horizontales cuya longitud refleja su duración. Para facilitar su elaboración, se solían emplear hojas cuadriculadas, donde cada cuadrícula simbolizaba un período de tiempo, como un día. En la actualidad, existen herramientas de software que simplifican la creación de diagramas de Gantt como Microsoft Project, Primavera P6 y GanttProject. Estos programas permiten actualizar los diagramas en cualquier momento, lo que resulta muy útil para ajustar la planificación a medida que el proyecto avanza y surgen cambios. La Figura 15 muestra un diagrama de Gantt aplicado a la construcción de un buque.

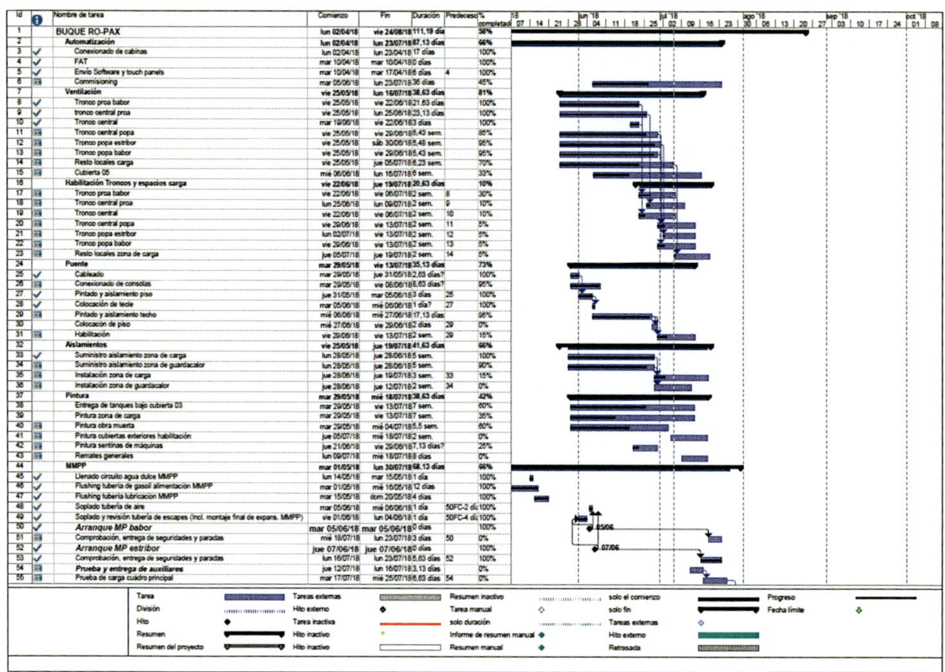

Figura 15 – Diagrama de Gantt.

El diagrama de Gantt ofrece múltiples ventajas. Proporciona una visión clara y estructurada del cronograma del proyecto, facilitando la comunicación y el seguimiento. También permite identificar cuellos de botella y tareas críticas, ayudando a evitar retrasos. En comparación con el método PERT, destaca por su simplicidad y facilidad de interpretación, sin estar limitado por un número máximo de actividades.

En el campo del mantenimiento industrial, los diagramas de Gantt son una herramienta útil de cara a planificar actividades complejas, como paradas programadas de planta y grandes reparaciones. Su uso contribuye a minimizar los tiempos de inactividad, optimizar los recursos disponibles y asegurar la ejecución eficiente de las tareas. En particular, durante las paradas anuales de planta, comunes en instalaciones industriales que operan de manera continua, los diagramas de Gantt permiten gestionar actividades de mantenimiento que suelen extenderse por varios días o semanas, asegurando la continuidad y el rendimiento de las operaciones. En la planificación específica de estas paradas, se debe determinar:

- La fecha de intervención en cada máquina.
- Las horas necesarias para realizar cada trabajo.
- La cantidad de personas necesarias para cada operación y cada máquina.

La determinación de las horas-hombre requeridas no se limita a dividir el número total de horas de una tarea entre el personal asignado. Aunque un trabajo de 16 horas puede ser llevado a cabo por dos personas en una jornada laboral, un trabajo de mil horas no podría ser completado por mil personas en una hora. En la planificación, se debe prever la organización del trabajo de modo que el personal no experimente tiempos muertos.

8.5 La Orden de Trabajo

Conocidos los trabajos a realizar y los recursos disponibles, antes de iniciar las tareas de mantenimiento deben completarse dos documentos esenciales para el control de dichas actividades: la solicitud y la orden de trabajo. Estos documentos formalizan las acciones de mantenimiento desde su inicio y facilitan la recopilación de los datos necesarios para su adecuada gestión. Cabe la posibilidad de unificar la solicitud y la orden de trabajo en un único documento.

El sistema de órdenes de trabajo constituye una herramienta clave para optimizar la eficacia y la productividad del mantenimiento. Este sistema permite al Departamento de Mantenimiento obtener la información inicial requerida y supervisar todas las actividades relacionadas, evitando la dependencia de métodos informales e inconsistentes.

Además de facilitar el control de las tareas de mantenimiento y posibilitar el análisis histórico, la orden de trabajo especifica de manera clara y precisa la máquina que se debe mantener y las labores a realizar, minimizando errores de comunicación.

La información incluida en la orden de trabajo abarca datos de origen, planificación y retroalimentación, todos organizados de forma coherente y uniforme. La estructura típica de este documento debe contener los siguientes campos:

- Solicitud
  - Identificación del equipo o instalación.
  - Fecha y hora de la solicitud.
  - Nombre de las personas implicadas.
  - Descripción de la avería y tareas de mantenimiento a realizar.
  - Prioridad de ejecución.
- Programación
  - Fecha prevista de ejecución.
  - Persona responsable y recursos humanos necesarios.
  - Listado de materiales y herramientas necesarias.
  - Medios auxiliares.
  - Instrucciones de seguridad.
  - Normativa aplicable.
  - Otros permisos necesarios.
- Ejecución
  - Fecha de ejecución real.
  - Personal involucrado.
  - Descripción de los trabajos realizados.
  - Materiales utilizados.

- Análisis y cierre
  - Elementos sustituidos, causa y tipo de fallo.
  - Acciones derivadas.
  - Control de firmas.
  - Realimentación a la preparación, desviaciones y observaciones.

El proceso de generación de una orden de trabajo se inicia cuando el solicitante completa el formulario correspondiente con la información requerida. Este documento debe incluir una descripción detallada del problema o de la tarea solicitada, la identificación del equipo y su ubicación, una estimación de la prioridad del trabajo, una opinión sobre el grupo o especialidad encargado de su ejecución y si el trabajo debe realizarse durante una parada programada. Además, el solicitante debe aportar cualquier información adicional que el formulario requiera y colocar una etiqueta de deficiencia en el equipo, si procede. Posteriormente, los responsables de la planificación asignan la orden al grupo adecuado.

Durante las reuniones matutinas del Departamento de Mantenimiento, los supervisores revisan las órdenes de trabajo para evaluar el estado general de la instalación. Estas reuniones cuentan con la participación de ingenieros u oficiales, quienes pueden modificar prioridades, cancelar órdenes o remitirlas a especialistas según sea necesario. Aunque originalmente estas reuniones servían para la entrega de nuevas órdenes, en la actualidad se centran en la revisión de las listas de órdenes pendientes.

Al concluir las tareas, los técnicos deben registrar los comentarios que consideren relevantes. Esta información debe completarse de manera inmediata, aprovechando que los detalles están aún frescos en la memoria.

Finalmente, los responsables de la planificación del mantenimiento analizan la retroalimentación proporcionada por los técnicos y archivan la información pertinente. Estos comentarios resultan útiles para actualizar los planes futuros, promoviendo una gestión proactiva y eficiente del mantenimiento.

Aunque la orden de trabajo es un documento fundamental, no todas las empresas la utilizan para gestionar las intervenciones de mantenimiento. Existen documentos alternativos de carácter similar, como el Parte de Registro de Incidencias, en el que se documentan las interrupciones ocurridas en cada máquina y sus causas. A partir de estos partes, se realizan análisis de fallos y se calculan índices de eficiencia de las máquinas. En instalaciones más sencillas, donde el objetivo principal es el control de costes y la asignación de recursos, se emplean el Parte de Consumo de Materiales y el Parte de Trabajo para registrar las horas trabajadas. Las órdenes de trabajo, y más concretamente su acumulación, cumplen también un papel importante como indicador del rendimiento del Departamento de Mantenimiento.

8.6 La Gestión del Mantenimiento desde el punto de vista de la Fiabilidad

Los responsables del Departamento de Mantenimiento desempeñan un papel fundamental en el éxito de la planificación y en el aumento de la fiabilidad de la instalación. La consecución exitosa de sus responsabilidades es clave para alcanzar los objetivos planteados. Entre estas responsabilidades se incluyen: desarrollar los objetivos de fiabilidad adecuados, asegurar la disponibilidad de fondos, fuerza laboral y tiempo necesarios para ejecutar las tareas planificadas, y supervisar la mejora continua del plan de mantenimiento, así como erradicar las deficiencias existentes. A continuación, la Figura 16 presenta los pasos a seguir para establecer objetivos de fiabilidad.

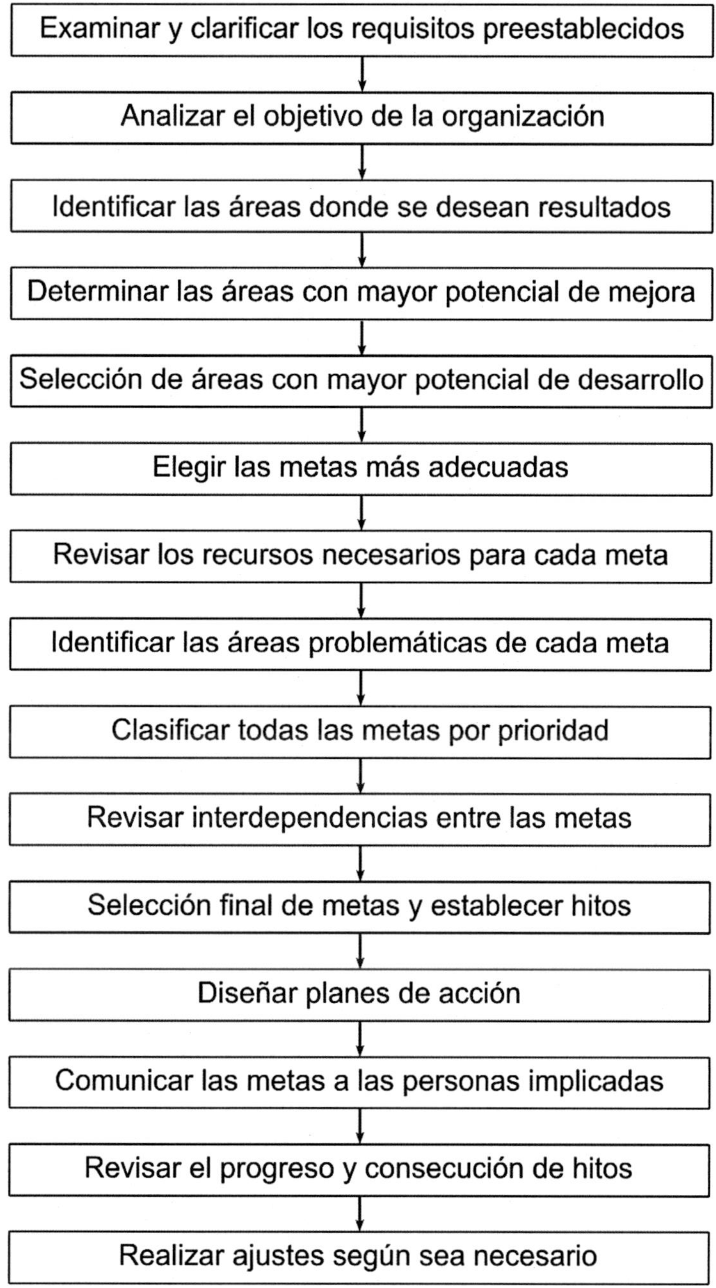

Figura 16 – Pasos a seguir para establecer objetivos de fiabilidad.

8.7 Gestión de Riesgos en Mantenimiento

En los últimos años, ha aumentado el interés en el uso del análisis de riesgos y enfoques basados en la gestión del riesgo para guiar las decisiones sobre el mantenimiento. El propósito de la gestión de riesgos es asegurar que se tomen medidas adecuadas para proteger a las personas, el medio ambiente y los activos de las consecuencias perjudiciales de las actividades que se realicen. La gestión de riesgos incluye tanto medidas para evitar la ocurrencia de peligros como para mitigar los daños. A nivel normativo, la UNE-ISO 31000 - *Gestión del riesgo. Directrices* establece las líneas de actuación para la gestión del riesgo.

Se reconoce que el riesgo no puede ser eliminado, pero debe ser gestionado. Para apoyar la toma de decisiones en la operación y mantenimiento de activos industriales, se realizan análisis de riesgo. Estos análisis incluyen la identificación de peligros y amenazas, análisis de causas, consecuencias y la descripción del riesgo. La totalidad de los análisis y sus evaluaciones se denomina evaluación de riesgos. A la evaluación de riesgos le sigue el tratamiento del riesgo, que es el proceso y la implementación de medidas para modificar el riesgo, incluyendo medidas para evitar, reducir o transferir el riesgo. La transferencia de riesgo significa compartir con otra parte el beneficio o la pérdida asociada con un riesgo. Generalmente, se lleva a cabo mediante pólizas de seguro.

La gestión de riesgos tiene como objetivo lograr un equilibrio adecuado entre la maximización de las ganancias y la minimización de pérdidas. Es una parte integral de las buenas prácticas de gestión empresarial.

El estándar UNE-ISO 31000 enumera actividades coordinadas para dirigir y controlar una organización en relación con el riesgo y proporciona principios y directrices genéricas sobre la gestión del riesgo, sin ser específico de ninguna industria. Esta característica resulta ventajosa, ya que puede aplicarse a cualquier tipo de riesgo, sin importar su naturaleza ni las consecuencias. La norma propone los siguientes pasos de gestión del riesgo:

1. Comunicación y consulta: La comunicación y consulta con las partes interesadas externas e internas deben llevarse a cabo durante todas las etapas del proceso de gestión del riesgo.

2. Establecimiento del contexto: Se definen los objetivos, el alcance y los criterios para el resto del proceso de gestión del riesgo.

3. Identificación del riesgo: Este paso consiste en identificar las fuentes de riesgo, las áreas de impacto y los eventos con sus causas y consecuencias. El objetivo es crear una lista exhaustiva de riesgos que carecen de una descripción sobre su probabilidad e impacto.

4. Análisis del riesgo: El análisis de los eventos inciertos identificados previamente los desarrolla en riesgos mediante la cuantificación tanto de la probabilidad como del impacto, y también genera una comprensión más profunda de estos riesgos.

5. Evaluación del riesgo: Basándose en la información recopilada durante el análisis del riesgo, se toman decisiones sobre cuáles riesgos requieren tratamiento y se establecen prioridades.

6. Tratamiento del riesgo: Se analizan diferentes opciones de tratamiento en relación con su análisis coste-beneficio.

7. Monitorización y revisión: Se supervisa tanto la situación de riesgo de la organización como el proceso de gestión del riesgo en sí mismo.

El análisis de riesgos también emplea el análisis de modos de fallo, efectos y criticidad (*Failure Modes, Effects and Criticality Analysis*, FMECA) y los estudios de peligros y operatividad (*Hazard and Operability*, HAZOP), que son dos de los métodos más comunes. En el FMECA, se introducen categorías que incluyen las posibles consecuencias y probabilidades asociadas, y la criticidad se determina mediante una matriz de riesgos. Esta matriz permite evaluar y comparar diferentes estrategias de mantenimiento en función del riesgo. El estudio HAZOP es una técnica que permite la determinación sistemática de los peligros potenciales que podría generar un sistema, así como los métodos que deben aplicarse para eliminarlos o minimizarlos. Los detalles sobre la metodología HAZOP y su aplicación pueden encontrarse en la norma UNE-EN 61882 - *Estudios de peligros y operatividad (estudios HAZOP). Guía de aplicación.*

El siguiente nivel de sofisticación en el análisis de riesgos se alcanza cuando se desarrollan modelos que representan escenarios de causas y/o consecuencias. Las herramientas estándar empleadas para ello son el análisis de árbol de fallos (*Fault Tree Analysis*, FTA), el análisis de árbol de eventos (*Event Tree Analysis*, ETA) y la combinación de ambos, conocida como el análisis de causa y consecuencia (*Case Cause Analysis*, CCA). Estos modelos son esenciales en un análisis cualitativo de riesgos y proporcionan una base sólida para realizar un análisis cuantitativo de riesgos. Son utilizados para identificar sistemas críticos y, en consecuencia, para seleccionar las actividades de mantenimiento más adecuadas.

8.7.1 Equipos en Garantía

La gestión del riesgo en los equipos recientemente adquiridos se comparte con el fabricante a través de la garantía. Generalmente, con una duración de un año para los equipos industriales, la garantía es una declaración del fabricante que asegura al cliente que el equipo adquirido funcionará de manera satisfactoria. Se trata de un acuerdo contractual entre el cliente y el fabricante que se formaliza en el momento de la venta o puesta en marcha del equipo. Este contrato especifica el desempeño esperado del equipo, las responsabilidades del propietario y las acciones que llevará a cabo el garante (generalmente el fabricante) en caso de que el equipo no cumpla con el rendimiento establecido.

El fabricante deberá ejecutar las acciones correctivas pertinentes, sin coste para el cliente, para solucionar cualquier fallo dentro de un periodo específico posterior a la compra o puesta en marcha del equipo. Existen diversos tipos de garantías, que dependen del equipo, del fabricante y del comprador. En consecuencia, las garantías desempeñan un papel cada vez más relevante en la mayoría de transacciones.

En el caso de equipos y maquinaria estándar, fabricados en serie, debido a la gran variedad de productos, objetivos empresariales y condiciones del mercado, se ofrece una amplia gama de garantías. La más común es la Garantía de Reemplazo Gratuito No Renovable (*Free-Replacement Warranty*, FRW), que puede tener uno o dos términos:

- Política unidimensional: El fabricante se compromete a reparar o reemplazar los productos defectuosos sin coste alguno hasta un tiempo determinado desde la compra inicial. La garantía expira en el momento que termina el plazo definido posterior a la compra.

- Política bidimensional: El fabricante se compromete a reparar o reemplazar los productos defectuosos sin coste alguno hasta un tiempo o un uso definidos, lo que ocurra primero, desde la compra inicial. El plazo temporal se denomina el período de garantía y la unidad de medida establecida para el desgaste el límite de uso. Si el uso es elevado, la garantía puede expirar mucho antes de que finalice el plazo de tiempo establecido, y si el uso es muy ligero, la garantía puede expirar mucho antes de alcanzar el límite de uso.

Las garantías para máquinas e instalaciones fabricadas a medida suelen formar parte de un contrato de mantenimiento de servicios. Casi todas estas garantías implican el tiempo y/o alguna función del tiempo, así como una serie de características que pueden no involucrar el tiempo, como la eficiencia del combustible. Un ejemplo de ello es la garantía de mejora de fiabilidad (*Reliability Improvement Warranty*, RIW). La idea básica detrás de la RIW es extender la noción de una garantía básica para consumidores (usualmente la FRW) para incluir garantías sobre la fiabilidad del objeto y no solo sobre su rendimiento inmediato o a corto plazo. Esto resulta especialmente adecuado en la compra de equipos complejos y reparables destinados a un uso relativamente largo. El objetivo de una RIW es negociar términos de garantía que motiven al fabricante a seguir mejorando la fiabilidad del objeto después de su entrega. Bajo una RIW, el honorario del contratista se basa en su capacidad para cumplir con los requisitos de fiabilidad de la garantía. Estos suelen incluir un tiempo medio entre fallos (MTBF) mínimo como parte del contrato de garantía.

Durante el período de garantía, el coste de las acciones de mantenimiento correctivo es asumido por el fabricante. En el caso de productos estándar, los costes de las acciones de mantenimiento preventivo durante este período son cubiertos por el propietario de la máquina. En el caso de productos y plantas fabricados a medida, algunos o todos los costes de mantenimiento preventivo pueden ser asumidos por el fabricante, dependiendo de lo estipulado en el contrato entre este y el comprador de la máquina.

8.8 Gestión del Rendimiento

Ninguna organización puede permitirse aceptar su nivel actual de rendimiento, ya que las presiones competitivas podrían llevarla eventualmente a salir del mercado. Es fundamental que la organización continúe mejorando de manera constante, lo que incluye garantizar un mantenimiento adecuado de sus instalaciones. La gestión del rendimiento implica la recopilación de datos e información para evaluar el rendimiento real del Departamento de Mantenimiento, sus acciones o su personal, utilizando indicadores clave de rendimiento (KPI), y utilizar esta información para generar un cambio positivo en la cultura organizacional y mejorar el rendimiento en el mantenimiento de las instalaciones.

Los responsables del Departamento de Mantenimiento tienen la obligación de supervisar el buen funcionamiento de su área, con el propósito de reforzar las tendencias positivas y abordar de manera oportuna las negativas. Los tres pilares fundamentales del control de mantenimiento son: el trabajo, la calidad y los costes.

- Control del trabajo: Este componente supervisa la eficiencia de las actividades de mantenimiento realizadas. Incluye aspectos como la productividad y la utilización de la mano de obra, el estado de los trabajos planificados y el volumen de trabajo pendiente. Los informes sobre la productividad del personal pueden evidenciar necesidades de formación o de revisión de procedimientos.

- Control de calidad: En el ámbito del mantenimiento, el control de calidad abarca dos dimensiones principales. En primer lugar, se evalúa el impacto del mantenimiento en la calidad del producto o servicio ofrecido por la empresa. En segundo lugar, se analiza la calidad del trabajo de mantenimiento propiamente dicho. La calidad del mantenimiento está directamente relacionada con las acciones realizadas por el Departamento de Mantenimiento. Por ejemplo, un técnico con formación insuficiente podría requerir múltiples intentos para resolver un fallo. La recopilación de datos adecuada permite identificar estas situaciones, y mediante una formación especializada, se pueden mejorar las competencias y el desempeño del personal, minimizando la ocurrencia de estos problemas.

- Control de costes: Los costes de mantenimiento se dividen en directos e indirectos. Los costes directos incluyen los asociados a la mano de obra, los repuestos, los materiales y las herramientas o equipos empleados. Por otro lado, los costes indirectos engloban las pérdidas de producción u operación derivadas de paradas no planificadas, así como el deterioro acelerado de los activos por una falta de mantenimiento adecuado.

Es importante destacar que las distintas métricas que se supervisan no deben analizarse de forma aislada. En algunos casos, existe una relación de causa y efecto entre ellas. Por ejemplo, el cumplimiento del mantenimiento preventivo (control del trabajo, que se refiere a la proporción de trabajos completados según lo programado) tiene un efecto directo en la fiabilidad del equipo. Un mayor nivel de cumplimiento implica una mayor fiabilidad y una reducción de los costes de mantenimiento correctivo.

La carga de mantenimiento suele fluctuar con el tiempo debido a múltiples incertidumbres y eventos imprevistos. Por tanto, mantener un cierto volumen de trabajo pendiente dentro de límites aceptables puede ser una buena práctica para equilibrar la carga de mantenimiento a lo largo del tiempo. Los informes sobre el trabajo pendiente pueden ayudar a ajustar los recursos para gestionar mejor la carga de mantenimiento. Un volumen excesivo y creciente de trabajo pendiente puede señalar una insuficiencia de recursos humanos. Entre las posibles acciones correctivas están el uso de horas extraordinarias, la subcontratación o el aumento de la plantilla interna. Sin embargo, un volumen de trabajo pendiente demasiado bajo también es perjudicial y puede indicar un exceso de personal, uso injustificado de horas extraordinarias o subcontratación. En este caso, las acciones correctivas podrían incluir la reducción de la subcontratación o el ajuste de la plantilla interna.

Una de las metodologías para gestionar el rendimiento y abordar los posibles puntos débiles identificados es el Ciclo *Plan, Do, Check, Act* (PDCA) reflejado en la Figura 17. Esta metodología fue propuesta como parte del sistema de Gestión de la Calidad Total (*Total Quality Management*, TQM) y simboliza el proceso de mejora, implicando la ejecución de los cuatro pasos indicados a continuación de manera iterativa:

- P: Planificar el cambio identificando qué aspectos están fallando (es decir, reconocer los problemas existentes) y desarrollar ideas para resolverlos.
- D: Realizar los cambios diseñados para resolver los problemas, comenzando a pequeña escala para probar si los cambios funcionan sin causar interrupciones importantes en los procesos.
- C: Verificar si los cambios a pequeña escala están logrando los resultados deseados e identificar cualquier nuevo problema que pueda surgir.
- A: Actuar para implementar los cambios a gran escala si los cambios a pequeña escala resultan exitosos.

Una vez aplicada la metodología PDCA, se debe realizar una evaluación comparativa conocida como *benchmarking*. Existen dos tipos de evaluación: externa e interna. En la evaluación externa, se comparan las medidas de rendimiento de la empresa con las de empresas similares, lo que lleva a identificar las mejores prácticas. En la evaluación interna, se grafican los rendimientos a lo largo del tiempo para verificar si las operaciones han mejorado o no.

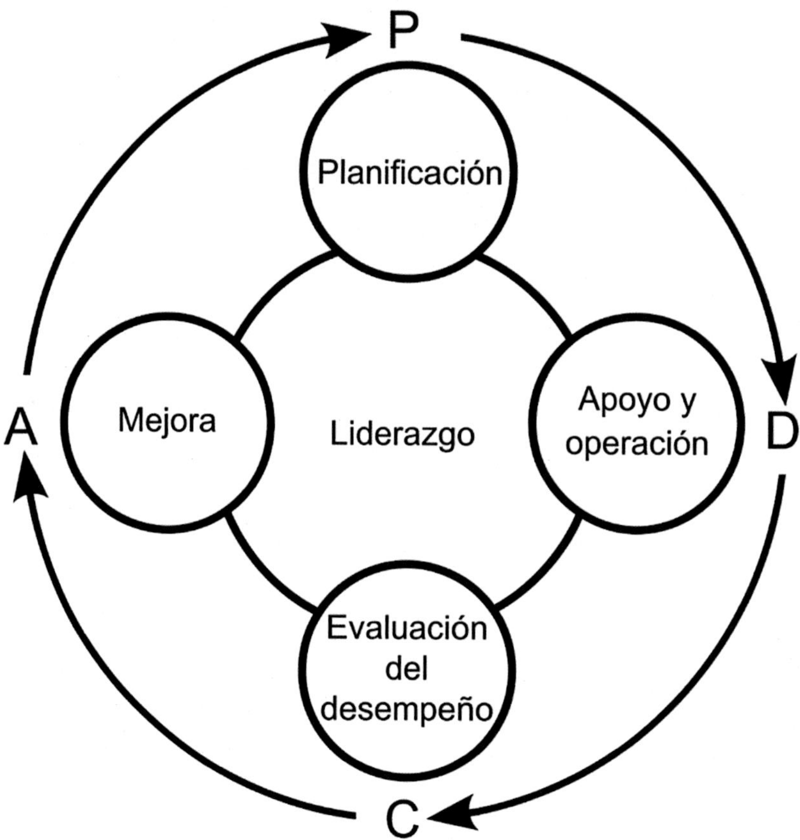

Figura 17 – Ciclo *Plan - Do - Check - Act*.

Capítulo 9
Fiabilidad, Mantenibilidad y Disponibilidad

La fiabilidad, mantenibilidad y disponibilidad son métricas fundamentales en la gestión del mantenimiento, ya que proporcionan datos clave sobre el rendimiento de los equipos en la instalación. Estos conceptos no solo impactan en la operatividad de las instalaciones, sino que también desempeñan un papel determinante en la planificación de las actividades de mantenimiento a futuro. La adecuada implementación de estrategias dirigidas a mejorar estas métricas contribuye significativamente a la reducción de costes y a la maximización del tiempo de funcionamiento de los equipos.

9.1 Fiabilidad

La fiabilidad se define como la probabilidad de que una máquina, un componente o una instalación completa funcione sin experimentar fallos durante un período de tiempo determinado. En este contexto, se entiende por fallo el evento tras el cual el sistema deja de cumplir total o parcialmente sus funciones, afectando su capacidad de operación. Este fenómeno puede manifestarse de diversas formas, que se agrupan en las siguientes categorías:

- Fallo catastrófico: Interrumpe por completo la funcionalidad del equipo, dejándolo fuera de servicio.

- Fallo paramétrico: Se caracteriza por la degradación de ciertas características del elemento, lo que provoca un funcionamiento subóptimo del equipo, aunque este siga operando.

- Fallo súbito: Surge como consecuencia de una variación brusca en los parámetros fundamentales de funcionamiento de la máquina.

- Fallo gradual: Se desarrolla de manera progresiva, debido al desgaste o deterioro paulatino de la máquina o de sus componentes.

- Fallo estable: Puede resolverse mediante la reparación, el ajuste o el reemplazo del elemento afectado.

- Fallo temporal: Desaparece espontáneamente, frecuentemente asociado a otro fallo primario cuya reparación elimina el problema secundario.

- Fallo intermitente: Es un fallo de naturaleza temporal que reaparece de manera recurrente. Este tipo de fallo resulta especialmente difícil de detectar y diagnosticar debido a su carácter esporádico y a su dependencia de las condiciones de trabajo de la máquina.

- Fallo activo: Es visible o está indicado por una señal o alarma.

- Fallo pasivo: Permanece oculto y no es detectado a simple vista.

El funcionamiento normal de una máquina implica variaciones en sus parámetros operativos, como la carga en un motor, las cuales afectan de manera directa la fiabilidad del equipo. Debido a que estos cambios pueden producirse con alta frecuencia, incluso varias veces por hora, el uso de herramientas estadísticas resulta esencial para analizar y evaluar con precisión la fiabilidad de un sistema.

9.1.1 Fiabilidad e Infiabilidad

La fiabilidad de una máquina o un componente está íntimamente ligada a su edad, y desciende como consecuencia del proceso de envejecimiento. En contraste, el concepto de infiabilidad, entendido como la probabilidad de que el elemento presente fallos, muestra una tendencia creciente a medida que transcurre el tiempo. Estas relaciones se representan gráficamente en la Figura 18, donde se observa cómo evolucionan ambas curvas a lo largo del tiempo:

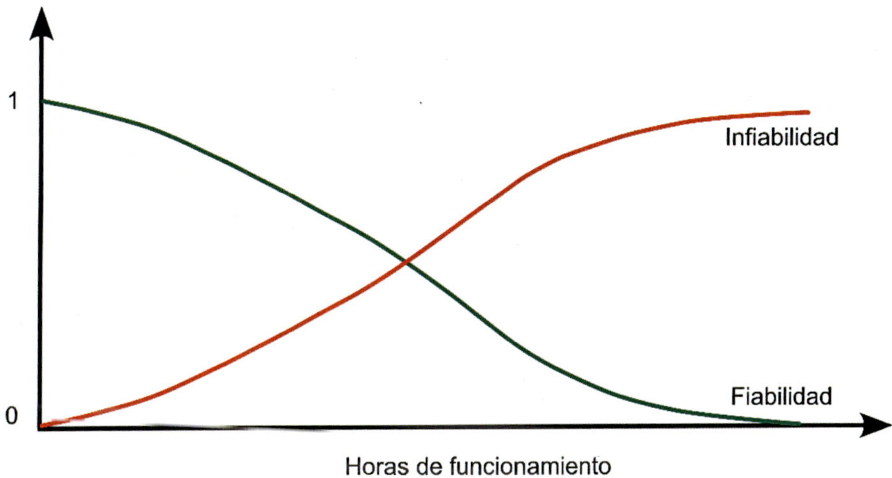

Figura 18 – Curvas de fiabilidad e infiabilidad.

9.1.2 Densidad del Fallo

El número de fallos posibles en un momento dado se representa mediante la curva ilustrada en la Figura 19. En cada instante de tiempo, esta curva indica el número esperado de fallos. La probabilidad de que una pieza falle durante un intervalo de tiempo específico (t_1 – t_2) corresponde al área bajo la curva en dicho rango temporal.

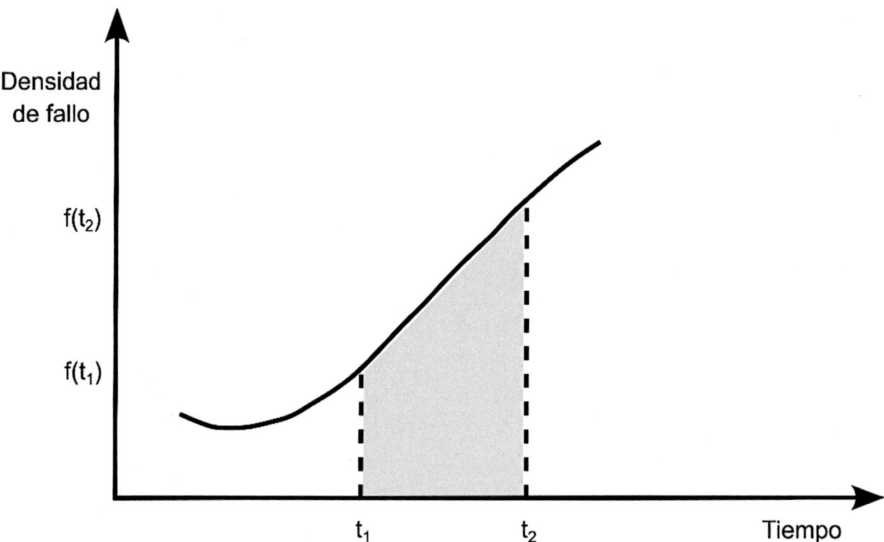

Figura 19 – Densidad del fallo en el período t_1 - t_2.

Y también se puede expresar matemáticamente, con la Ecuación 8.

$$f(t) = -\frac{dF(t)}{dt} \tag{8}$$

Donde $f(t)$ es la densidad del fallo, t es el tiempo y $F(t)$ es la fiabilidad, la cual se expresa según una de las diversas distribuciones que se analizarán más adelante en este capítulo.

9.1.3 Tasa de Fallos

Este parámetro representa, de manera cuantitativa, la cantidad de fallos registrados en una máquina durante un período de tiempo determinado, que habitualmente corresponde a un año natural. La tasa de fallos se calcula dividiendo la densidad de fallo en un instante específico, $f(t)$, entre la fiabilidad en ese mismo instante, $F(t)$, proporcionando así una medida precisa del comportamiento del equipo, Ecuación 9:

$$\lambda(t) = \frac{f(t)}{F(t)} \tag{9}$$

9.1.4 Curva de la Bañera

Dado que la tasa de fallos es una función que varía con el tiempo, puede representarse gráficamente mediante una curva. En una aproximación inicial, particularmente en el caso de equipos genéricos, esta curva presenta la forma característica de una bañera, Figura 20:

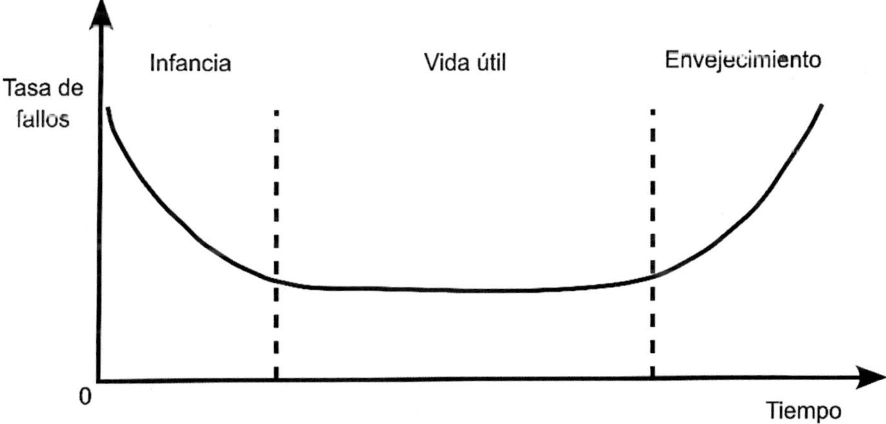

Figura 20 – Curva de la bañera.

La curva de la bañera se divide en tres períodos que corresponden a las etapas inicial, media y final de la vida del elemento estudiado, representando su infancia, tiempo de uso útil y envejecimiento, respectivamente. La duración del período de vida útil, y por ende la longitud de la etapa intermedia de la curva, varía en función del tipo de componente y su naturaleza, ya sea mecánica, eléctrica, electrónica, entre otras. Dentro de cada etapa de esta curva se presentan fallos específicos correspondientes a la fase que se está atravesando:

- Averías prematuras: Características de la etapa de mortalidad infantil, suelen originarse por defectos de fabricación de la pieza o del material. Este tipo de avería es, en muchos casos, inevitable, aunque su incidencia puede reducirse mediante controles de calidad más rigurosos durante la fabricación o realizando pruebas de rodaje al equipo, corrigiendo los componentes defectuosos antes de que la máquina entre en operación. La tasa de fallos asociada a estas averías es decreciente.

- Averías accidentales: Surgen durante la fase de vida útil del equipo de manera aleatoria e irregular, y no pueden eliminarse mediante una puesta a punto. En la mayoría de casos, estos fallos son consecuencia de sobrecargas que llevan a las máquinas a exceder sus límites de resistencia. Su tasa de fallos se considera constante.

- Averías por desgaste: Estas averías son producto del desgaste progresivo de los componentes del equipo y están condicionadas por la calidad del mantenimiento aplicado. Pueden abordarse mediante mantenimiento correctivo, una vez ocurridas, o intensificando el mantenimiento preventivo para evitar su aparición. Su tasa de fallos aumenta con la edad del activo.

Actualmente se sabe que no todos los equipos siguen el patrón clásico que comienza con una fase de mortalidad infantil, seguida de un período de vida útil y, finalmente, un envejecimiento. Existen equipos y componentes cuya tasa de fallos es constante a lo largo del tiempo o se incrementa de manera lineal desde el inicio. El Mantenimiento Centrado en la Confiabilidad reconoce esta variabilidad y mejora la definición de la curva de la bañera, desglosándola en seis posibles casos.

9.1.5 Parámetros de la Fiabilidad

Al cuantificar la fiabilidad de una máquina, se emplean ciertos conceptos que permiten medir los períodos durante los cuales esta opera correctamente, presenta defectos o se encuentra detenida por averías. Los principales parámetros utilizados para evaluar la fiabilidad incluyen:

Mean Time Between Failures (MTBF): Este parámetro, cuyo acrónimo proviene del inglés, representa la fiabilidad y se calcula como el cociente entre el tiempo total de funcionamiento de la máquina en un período determinado (*Time Between Failures*, TBF) y el número de averías registradas durante dicho período, n, Ecuación 10:

$$MTBF = \frac{\sum_0^n TBF_i}{n} \tag{10}$$

El MTBF se suele calcular para un período específico, que puede corresponder a un año natural, a los últimos 12 meses o a un año de calendario (del 1 de enero al 31 de diciembre), dependiendo de los resultados que se desean obtener. Este parámetro se aplica exclusivamente a elementos reparables. La media aritmética obtenida proporciona el tiempo promedio durante el cual la máquina ha operado sin interrupciones por averías, ajustándose a una distribución normal en la que predomina el desgaste como factor principal.

La Tasa de Fallos se representa como la inversa del MTBF, Ecuación 11:

$$\lambda = \frac{1}{MTBF} \tag{11}$$

Dentro del MTBF se distinguen tres períodos de tiempo diferenciados: el intervalo desde que se produce el fallo hasta que se inicia la reparación, el tiempo dedicado exclusivamente a la reparación, y el período de funcionamiento correcto hasta que ocurre el siguiente fallo.

Mean Time to Detect (MTTD): Representa el tiempo medio necesario para diagnosticar una avería y plantear la solución de reparación adecuada (*Time To Detect*, TTD). Se calcula como el cociente entre la suma de los tiempos empleados en el diagnóstico y el número de fallos ocurridos en un período determinado, Ecuación 12.

$$MTTD = \frac{\sum_0^n TTD_i}{n} \tag{12}$$

El Departamento de Mantenimiento tiene la capacidad de influir directamente en este parámetro. Una formación adecuada de los técnicos, junto con una planificación y organización previa de las tareas, puede contribuir a reducir el MTTD.

Mean Time To Repair (MTTR): Este concepto, cuyo nombre original también proviene del inglés, se define como el cociente entre el tiempo total empleado en realizar tareas de mantenimiento correctivo, así como aquellas de mantenimiento preventivo o predictivo que requieran la parada de la máquina (*Time To Repair*, TTR), y el número total de paradas efectuadas en un período de tiempo específico, Ecuación 13.

$$MTTR = \frac{\sum_0^n TTR_i}{n} \tag{13}$$

El cálculo del MTTR proporciona un valor que representa el tiempo promedio necesario para llevar a cabo la reparación de la máquina en estudio. Corresponde al Departamento de Mantenimiento, una vez finalizada la reparación, analizar el fallo, sus causas y las soluciones implementadas. Este análisis resulta fundamental para optimizar los procesos, disminuyendo los tiempos requeridos para la reparación, lo que a su vez reduce el MTTR y contribuye a incrementar tanto la fiabilidad como la disponibilidad de la máquina.

La inversa del MTTR se conoce como Tasa de Reparación, Ecuación 14:

$$\mu = \frac{1}{MTTR} \tag{14}$$

Mean Time To Failure (MTTF): Este es el último concepto incluido dentro del MTBF y se define como el tiempo promedio transcurrido desde que la máquina es reparada y reanuda su funcionamiento hasta que ocurre la siguiente avería. Se calcula como el cociente entre la suma de los tiempos transcurridos entre reparación y fallo y el número de fallos registrados en un período determinado, Ecuación 15.

$$MTTF = \frac{\sum_0^n TTF_i}{n} \tag{15}$$

Por tanto, el tiempo medio entre fallos (MTBF) será la suma de estos tres conceptos, Ecuación 16:

$$MTBF = MTTD + MTTR + MTTF \tag{16}$$

El Departamento de Mantenimiento buscará alcanzar la situación ideal en la que MTBF y MTTF se igualen. Para lograrlo, se enfocará en minimizar tanto el MTTD como el MTTR. La Figura 21 muestra la relación entre estos parámetros.

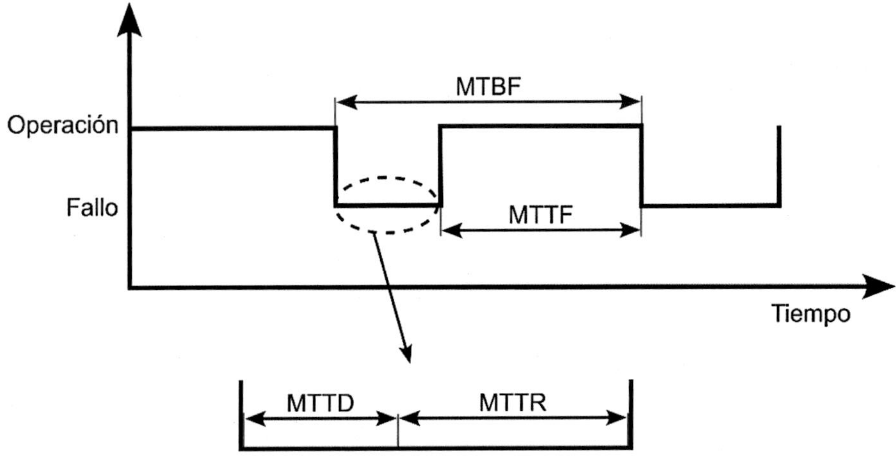

Figura 21 – Parámetros de la fiabilidad.

9.2 Mantenibilidad

La mantenibilidad es una medida que define la probabilidad de que, tras un fallo, una máquina pueda ser reparada dentro de un período de tiempo determinado. Como disciplina, la mantenibilidad apareció por primera vez en documentos de estándares militares hacia finales de la década de 1950. En particular, la Fuerza Aérea de los Estados Unidos inició un programa destinado a desarrollar un enfoque sistemático para la mantenibilidad, que culminó en 1959 con la especificación de mantenibilidad MIL-M-26512 - *Maintainability Requirements for Aerospace Systems and Equipment*. Dicha especificación militar establecía los requisitos de mantenibilidad aplicables a sus sistemas y dio lugar a la creación de tres normas militares adicionales relacionadas con aspectos asociados a la mantenibilidad, con el propósito de apoyar la definición de requisitos de mantenibilidad a nivel de sistema.

En la mantenibilidad intervienen factores relacionados con la instalación, como la localización de las máquinas y herramientas necesarias, la facilidad de acceso y desmontaje de las máquinas, así como factores humanos, tales como la formación de los técnicos de mantenimiento y el conocimiento específico sobre la operación de la máquina. Por lo tanto, la mejora de la mantenibilidad es posible a través de una planificación adecuada y una formación especializada. El estándar IEC 60706 - *Mantenibilidad de equipos* en sus diferentes partes detalla todos los aspectos relacionados con la mantenibilidad.

Al igual que la fiabilidad se mide mediante el MTBF, la disponibilidad se refiere a la suma de los tiempos de parada por diagnóstico y reparación de la máquina, Ecuación 17:

$$Mantenibilidad = MTTD + MTTR \tag{17}$$

El tiempo dedicado a la mantenibilidad de una máquina está determinado por tres factores principales:

- Diseño: La mantenibilidad variará según la complejidad de la máquina, su peso, la accesibilidad a los componentes, la intercambiabilidad de las piezas y la facilidad de montaje y desmontaje.

- Organización: El tiempo de mantenimiento dependerá de la formación del personal encargado, la disponibilidad de la fuerza de trabajo, una correcta gestión de los repuestos y el acceso a la documentación técnica de la máquina.

- Ejecución: Este factor está relacionado con la habilidad de los técnicos, la calidad de las herramientas disponibles y el nivel de preparación en la ejecución de los trabajos de mantenimiento.

9.2.1 Distribución de los Tiempos de Mantenimiento

Los tiempos empleados en el mantenimiento de una misma máquina pueden variar significativamente, ya que en cada intervención se realizan tareas diferentes. Además, en algunas paradas se llevan a cabo únicamente ciertas tareas específicas, mientras que en otras se ejecutan varios conjuntos de actividades en una sola intervención. Esta variabilidad en los tiempos de mantenimiento conduce a que la mantenibilidad se analice de forma probabilística.

La aproximación más común para este análisis es utilizar una distribución de los logaritmos de los tiempos de mantenimiento, representada típicamente mediante una campana de Gauss. Este enfoque permite, mediante la Ecuación 18, modelar y entender la dispersión de los tiempos y establecer parámetros de referencia para la planificación y optimización de las intervenciones.

$$Disponibilidad = \frac{MTBF}{MTBF + (MTTD + MTTR)} \tag{18}$$

En algunas publicaciones, el concepto de mantenibilidad se aborda exclusivamente bajo el acrónimo MTTR. Sin embargo, es importante destacar que debe considerarse el tiempo total en el que la máquina permanece parada, y no solo el tiempo efectivo de reparación.

9.2.2. Objetivos de la Mantenibilidad

Los objetivos de mantenibilidad deben establecerse siempre a nivel de conjunto reemplazable o de máquina completa. Si dichos objetivos aún no se han alcanzado y se busca reducir el tiempo dedicado a las tareas de mantenimiento, lo cual incrementará el tiempo productivo disponible de la máquina, es necesario implementar diversas acciones. Entre estas se incluyen la formación continua del personal, la actualización y mejora de las herramientas, la estandarización de los conjuntos y la eliminación de tiempos muertos. Todas estas medidas deben aplicarse priorizando, en todo momento, la seguridad tanto de las personas como de las máquinas.

Si, en lugar de concebir la mantenibilidad como la probabilidad de ejecutar una reparación en un tiempo determinado, se define como el grado de facilidad con el que se realiza el mantenimiento de una instalación, y se busca comparar distintas instalaciones, resulta más apropiado emplear el índice de mantenibilidad. Para calcular este índice, se consideran cinco factores clave:

1. Tecnología constructiva.
2. Medios técnicos.
3. Recursos humanos.
4. Repuestos.
5. Restricciones de seguridad.

A cada uno de estos factores se le asignará un peso de manera arbitraria, teniendo en cuenta el impacto que genera en la empresa. La suma de todos estos pesos será igual al 100%. El índice de mantenibilidad se obtendrá como la suma de cada factor multiplicado por su peso, Ecuación 19.

$$Indice\ de\ Mantenibilidad = P_a * a + P_b * b + P_c * c + P_d * d + P_e * e \tag{19}$$

En máquinas complejas, cada factor puede estar subdividido en varios subfactores que conformarán el factor correspondiente según la Ecuación 20:

$$A = (A_1 * A_2 * \ldots * A_n)^{1/n} \quad (20)$$

A modo de ejemplo, la Tabla 5 presenta una ilustración de algunos de los subfactores incluidos dentro del factor b, medios técnicos.

Tabla 5 – Ejemplo de subfactores técnicos.

B_1 - Documentación	**B_2 - Utillaje**	**Valoración**
Completa	Convencional	0,8 a 1
Parcial	Especial	0,5 a 0,8
Muy parcial	Especial muy costoso	0,2 a 0,5
Inexistente	A fabricar	0 a 0,2

A modo de referencia, el Índice de Mantenibilidad obtenido se puede clasificar de la siguiente manera:

- 0 a 0,2: Muy malo.
- 0,2 a 0,37: Malo.
- 0,37 a 0,5: Regular.
- 0,5 a 0,7: Bueno.
- 0,7 a 0,9: Muy bueno.
- 0,9 a 1: Excelente.

El límite de aceptación se establece en un valor de 0,37.

9.2.3 Normalización, Estadarización y Mantenibilidad

La mejora de la mantenibilidad puede lograrse mediante el perfeccionamiento de diversos factores, siendo los de mayor influencia la aplicación de técnicas de normalización y estandarización. La normalización busca reducir los costes de fabricación y aumentar la calidad a través de la definición clara y precisa de las dimensiones y calidades de los productos, así como de la reducción de variedades innecesarias.

En cada Departamento de Mantenimiento, uno de los responsables debe asumir la tarea de normalización. Esta sección del Departamento debe establecer la política interna de normalización, centralizar y mantener actualizada la documentación externa necesaria (como normas ISO, UNE-EN y similares, además de documentación técnica específica), y promover la política de normalización entre los miembros del departamento. En caso necesario, se deberá elaborar documentación interna para tal propósito.

La implementación de la normalización en una instalación permitirá reducir la variedad de repuestos necesarios, lo que contribuirá a una mejor gestión y una mayor mantenibilidad.

La estandarización se refiere al reemplazo de un conjunto de piezas de una máquina, en lugar de sustituirlas de manera individual. Este enfoque adquiere especial relevancia en equipos complejos, donde la sustitución de una pieza de difícil acceso puede incrementar significativamente el tiempo necesario para el mantenimiento.

En algunos casos, es el propio fabricante quien define cuáles son los conjuntos intercambiables, mientras que, en otros, es la experiencia del Departamento de Mantenimiento la que determina qué conjuntos deben considerarse. La decisión sobre los conjuntos a sustituir debe fundamentarse en tres aspectos principales, los tiempos requeridos para realizar el mantenimiento, la comparación de costes entre reemplazar una única pieza o un conjunto completo y la criticidad de la máquina dentro de la instalación.

9.2.4 Tareas Organizativas de la Mantenibilidad

A nivel de responsables del Departamento de Mantenimiento, existen una serie de tareas organizativas relacionadas con la mantenibilidad que se deben llevar a cabo. En concreto, estas tareas se dividen en dos categorías, administrativas y de coordinación. La Tabla 6 recoge dichas tareas:

Tabla 6 – Tareas organizativas de la mantenibilidad.

Tareas Administrativas	Tareas de Coordinación
Preparación de presupuestos y cronogramas	Documentación de los resultados del análisis de mantenibilidad
Asignación de responsabilidades	Desarrollo de informes de retroalimentación
Monitorización de los resultados	Documentación de la información referente a la gestión de la mantenibilidad
Provisión de formación en mantenibilidad	Documentación de los resultados de las revisiones de diseño de mantenibilidad
Desarrollo de políticas y procedimientos	Desarrollo y mantenimiento de una base de datos de mantenibilidad
Organización de los esfuerzos de mantenibilidad	Desarrollo y mantenimiento de manuales
Actuar como enlace con la alta dirección y otros organismos involucrados	Establecimiento y mantenimiento de una biblioteca con información sobre mantenibilidad

9.2.5 Fiabilidad vs. Mantenibilidad

La fiabilidad es una característica del diseño que garantiza la durabilidad del equipo mientras desempeña su función asignada bajo unas condiciones específicas y durante un período de tiempo determinado. Por otro lado, la mantenibilidad es una característica inherente al diseño que otorga al equipo la capacidad de ser mantenido, lo que conlleva factores como una mayor disponibilidad, menores costes de mantenimiento, herramientas requeridas, niveles de habilidad necesarios y horas-hombre exigidas. La Tabla 7 resume los principios generales de fiabilidad y mantenibilidad:

Tabla 7 – Principios generales de fiabilidad y mantenibilidad.

Fiabilidad	**Mantenibilidad**
Maximizar el uso de piezas estándar	Reducir los costes de mantenimiento a lo largo del ciclo de vida
Proporcionar factores de seguridad adecuados	Reducir la cantidad, frecuencia y complejidad de las tareas de mantenimiento requeridas
Proporcionar diseños a prueba de fallos	Reducir el tiempo medio de reparación (MTTR)
Proporcionar redundancia cuando sea necesario	Determinar el alcance del mantenimiento preventivo que se debe realizar
Minimizar el esfuerzo sobre los componentes de la máquina	Proporcionar la máxima intercambiabilidad
Utilizar piezas y componentes con fiabilidad comprobada	Reducir la cantidad de repuestos requeridos
	Considerar los beneficios del reemplazo modular frente a la reparación de piezas

9.3 Disponibilidad

Como se ha mencionado anteriormente, la vida útil de una máquina se compone de períodos de actividad productiva y de inactividad, ya sea programada o debido a una avería. El concepto de disponibilidad considera los períodos en los que la máquina está activa o en condiciones de estarlo. Esto incluye situaciones en las que, aunque la empresa no tenga interés en producir, las máquinas están en buen estado y listas para operar, así como casos en los que la máquina actúa como redundancia de otra. Asimismo, la disponibilidad contempla los períodos en los que la máquina no puede funcionar, generalmente debido a fallos que requieren diagnóstico o reparación. La disponibilidad, por tanto, es una medida derivada de los conceptos previamente expuestos y cuantifica la relación entre el tiempo medio entre fallos y el tiempo total de operación y parada de la máquina durante un período determinado:

$$Disponibilidad = \frac{MTBF}{MTBF + MTTD + MTTR} \tag{18}$$

La disponibilidad siempre será inferior a la fiabilidad, ya que tiene en cuenta tanto el tiempo de funcionamiento como los períodos dedicados a mantenimiento, diagnóstico y reparación. Esto se aprecia mejor al estudiar dos medidas adicionales a la fiabilidad y disponibilidad que son sus factores correspondientes, Ecuaciones 21 y 22:

$$Factor\ de\ Fiabilidad = \frac{HT - HMC}{HT} \tag{21}$$

$$Factor\ de\ Disponibilidad = \frac{HT - HMC - HMP}{HT} \tag{22}$$

Donde HT son las horas totales del período, HMC representan las horas dedicadas al mantenimiento correctivo y HMP aquellas dedicadas al mantenimiento preventivo que involucre una parada de máquina.

Se puede deducir de la ecuación del Factor de Disponibilidad que la relación entre los tiempos dedicados al mantenimiento correctivo y al mantenimiento preventivo de una máquina influye directamente en su disponibilidad. Esta relación se encuentra reflejada en la suma de los tiempos de diagnóstico (MTTD) y de reparación (MTTR) presentes en la Ecuación 18, aunque su proporción variará dependiendo del grado de mantenimiento preventivo aplicado a la máquina en períodos de inactividad programada.

En términos prácticos, la medida de la disponibilidad no resulta relevante en equipos nuevos, ya que se les supone una disponibilidad total. Sin embargo, conforme el equipo acumula horas de funcionamiento, esta disponibilidad desciende desde la unidad hasta estabilizarse en un valor determinado, el cual depende del número de intervenciones realizadas en la máquina y de su duración. Este valor estabilizado se conoce como disponibilidad operacional.

La mejora de la disponibilidad operacional no puede lograrse únicamente incrementando los tiempos de MTBF. Según la Ecuación 18, la disponibilidad aumenta tanto al incrementar el MTBF como al reducir los valores de MTTD y MTTR. Por esta razón, el factor predominante para mejorar la disponibilidad es la mantenibilidad.

No obstante, mejorar la mantenibilidad implica un coste asociado a las tareas de mantenimiento realizadas. Esto significa que el aumento de disponibilidad también conlleva un coste, que tiende a crecer de manera más pronunciada que los beneficios económicos derivados de una mayor disponibilidad, debido a los gastos asociados al mantenimiento. Por lo tanto, la disponibilidad óptima no será necesariamente del 100%, sino aquella que permita a la empresa maximizar sus beneficios económicos.

Es común que las instalaciones industriales busquen alcanzar una disponibilidad operacional entre el 96% y el 99%, mientras que valores del 95% o menores suelen considerarse indicativos de una mala gestión del mantenimiento.

9.3.1 Objetivos del Mantenimiento

Los responsables de la empresa emplearán los indicadores de disponibilidad y costes como herramientas clave para evaluar el desempeño del Departamento de Mantenimiento. Por ello, este debe orientar su gestión hacia dos objetivos fundamentales, aumentar la disponibilidad de los equipos y reducir los costes de mantenimiento.

Para mejorar la disponibilidad de las máquinas, el primer paso consiste en seleccionar equipos que sean fiables y robustos. A continuación, se debe implementar el mayor volumen posible de mantenimiento preventivo en marcha, planificar minuciosamente las tareas que requieran detener la máquina para minimizar su duración, aplicar técnicas de estandarización y gestionar adecuadamente los repuestos.

En cuanto a los costes, su reducción puede lograrse mediante un control exhaustivo y el ajuste de la plantilla indirecta necesaria, manteniendo un nivel bajo de inmovilizado en repuestos, analizando y mitigando averías repetitivas y evaluando los costes asociados a los métodos de mantenimiento aplicados.

Sin embargo, ciertos factores, como la gestión de repuestos, pueden tener un doble impacto: si bien pueden contribuir a aumentar la disponibilidad, también pueden incrementar los costes, lo cual resulta contraproducente. Por este motivo, el Departamento de Mantenimiento debe gestionar cuidadosamente estos aspectos.

Además, debe involucrarse activamente en la adquisición de nueva maquinaria, promover el mantenimiento preventivo, formar adecuadamente a los técnicos y monitorizar y controlar los tiempos de MTBF, MTTD y MTTR de cada máquina y a nivel de componente en aquellas máquinas de mayor importancia.

9.4 Estadística del Desgaste

Dado que en numerosas ocasiones los fallos ocurren de manera aleatoria y sin aviso previo, los datos históricos de los equipos presentes en la instalación, así como de equipos gemelos, son fundamentales para conformar la estadística del desgaste y predecir la vida útil de cada máquina. Además, la tasa de fallos varía en función de la etapa de vida de la máquina, lo que implica que el tipo de cálculo estadístico a aplicar dependerá de la fase en la que se encuentre cada equipo. Para el cálculo de fiabilidad, las distribuciones más utilizadas son la exponencial, la normal y la de Weibull.

- Distribución exponencial: Se emplea cuando la tasa de fallos de la máquina es constante, lo que corresponde a la etapa intermedia de la curva de la bañera. Esta distribución es especialmente adecuada para componentes eléctricos y electrónicos, ya que en esta fase de vida los fallos ocurren de manera aleatoria y no están influenciados por el envejecimiento del componente. La fiabilidad es decreciente con el paso del tiempo y se representa mediante la Ecuación 23:

$$F(t) = \lambda * e^{-\lambda t} \quad (23)$$

Donde λ es la tasa de fallos y t el período de tiempo estudiado. Ambos parámetros deben asumir valores estrictamente mayores que cero.

- Distribución normal: También llamada distribución Gaussiana en honor a su creador. Está indicada para máquinas que presentan una tasa de fallos creciente, lo que corresponde generalmente a la fase de desgaste. Se aplica especialmente en equipos electromecánicos e hidráulicos, donde el desgaste progresivo de los componentes aumenta la probabilidad de fallos a medida que avanza el tiempo de operación. El tiempo medio entre fallos se representa como la mediana de la distribución y la fiabilidad responde a la Ecuación 24:

$$F(t) = \int_0^t f(t)dt \quad (24)$$

Donde $f(t)$ representa la densidad de fallos en el período t.

- Distribución de Weibull: Ideada a principios de la década de 1950, esta distribución se caracteriza por su flexibilidad, ya que al ajustar sus parámetros puede adaptarse a las tres etapas del ciclo de vida de una máquina: inicial, de vida útil y envejecimiento. Permite determinar no solo si una máquina experimentará una avería, sino también cómo se comporta su tasa de fallos, ya sea constante o creciente. Esta capacidad es crucial, ya que, dependiendo de la tendencia de la tasa de fallos, las acciones de mantenimiento a aplicar pueden variar significativamente. Esta distribución es aplicable a todo tipo de equipos y se calcula mediante la Ecuación 25:

$$F(t) = e^{-\left(\frac{t-\gamma}{\eta}\right)^{\beta}} \qquad (25)$$

Donde:

- γ: Se denomina tiempo libre de fallos o vida mínima.
- η: Es el coeficiente de escala o vida característica.
- β: El coeficiente de forma.

Dependiendo del valor de β, la función de tasa de fallos de la distribución de Weibull adopta diferentes comportamientos:

- β = 1: La distribución de Weibull se reduce a la distribución exponencial, lo que implica una tasa de fallos constante en el tiempo.
- β < 1: La tasa de fallos decrece con el tiempo, lo que indica que los elementos tienen una mayor probabilidad de fallar al inicio de su vida útil.
- β > 1: La tasa de fallos aumenta con el tiempo, lo que sugiere un proceso de envejecimiento o desgaste, donde la probabilidad de fallo incrementa a medida que el componente envejece.

Cuando β = 3,5, la distribución de Weibull se aproxima a la distribución normal, lo que indica que puede modelar una amplia variedad de comportamientos de fallos ajustando adecuadamente sus parámetros. Si β > 6, se debe considerar con cierta cautela. Aunque valores de β > 6 son posibles, reflejan una tasa de fallos acelerada y un rápido desgaste. Este comportamiento es más frecuente en componentes frágiles, algunas formas de erosión, fallos en dispositivos antiguos y menos común en sistemas electrónicos.

9.4.1 Fiabilidad de una Máquina en Base a sus Componentes

Una máquina es un conjunto de diferentes piezas que, a su vez, forman subconjuntos para dar lugar a un todo. La fiabilidad total de la máquina no depende únicamente del eslabón más débil de la cadena, sino que está directamente relacionada con la fiabilidad individual de todos sus componentes. Eric Pieruschka introdujo el concepto de fiabilidad de conjunto, la cual siempre es inferior a la fiabilidad de sus componentes individuales.

Para evaluar la fiabilidad de un conjunto, es necesario determinar si los componentes están dispuestos en serie, es decir, si el sistema funcionará únicamente cuando todos y cada uno de los componentes operen correctamente (Figura 22).

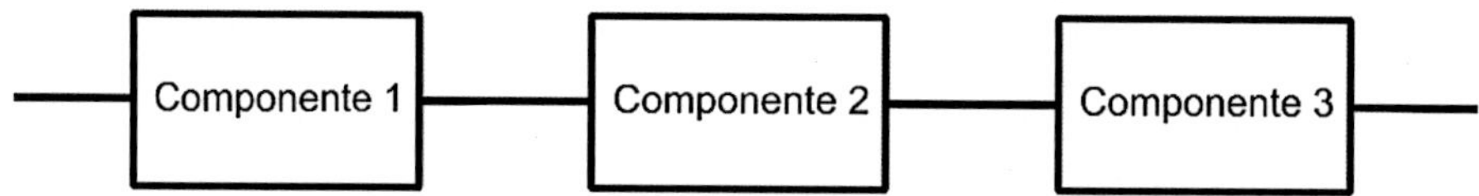

Figura 22 – Redundancia en serie.

La fiabilidad de un sistema compuesto por varios elementos en serie se determina como el producto de las fiabilidades individuales de cada elemento, tal como se expresa en la Ecuación 26:

$$F_{sist_{serie}} = F_A * F_B * F_C * \dots * F_N \quad (26)$$

O en paralelo, donde el fallo de un componente no afecta al funcionamiento del conjunto. Los conjuntos en paralelo se emplean cuando se busca dotar a la máquina de redundancia, garantizando su operación incluso si uno o más de sus componentes fallan. Este enfoque mejora la fiabilidad general del sistema al permitir que el conjunto siga funcionando mientras alguno de sus componentes sigue operando correctamente (Figura 23).

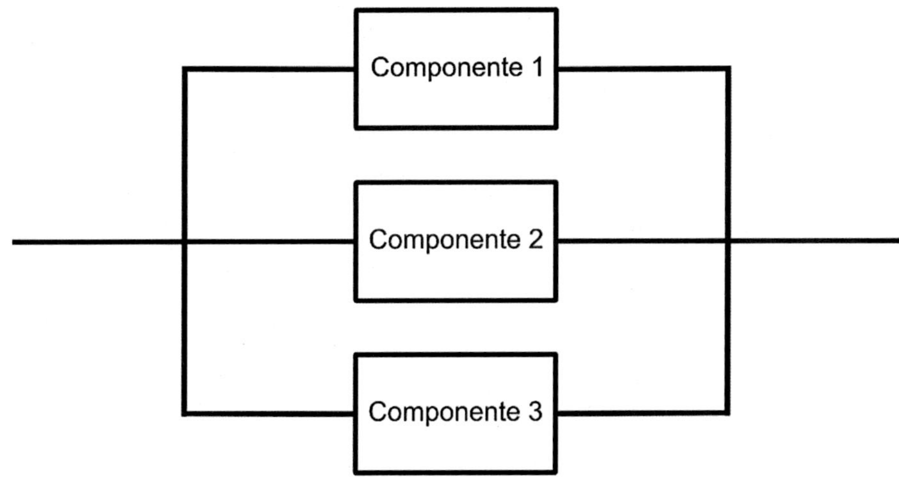

Figura 23 – Redundancia en paralelo.

En un sistema compuesto por varios elementos en paralelo, la fiabilidad del sistema se calcula utilizando la Ecuación 27:

$$F_{sist_{paralelo}} = 1 - [(1 - F_A) * (1 - F_B) * (1 - F_C) * \ldots * (1 - F_N)] \quad (27)$$

Estas fórmulas pueden combinarse para representar cualquier combinación de componentes en serie y en paralelo.

9.5 Fiabilidad de Elementos Mecánicos, Eléctricos y Electrónicos

La fiabilidad de cada componente está estrechamente relacionada con su construcción y el mecanismo de operación. La naturaleza del uso del componente también es relevante, y diversos estudios han cuantificado que la relación entre averías mecánicas y el total de averías eléctricas y electrónicas es aproximadamente de 10 a 1. Esta predominancia de averías mecánicas frente a las eléctricas y electrónicas justifica que una parte significativa de la fuerza laboral en el Departamento de Mantenimiento se dedique a trabajos mecánicos. Aunque esta relación puede variar según la instalación, es común que las averías mecánicas superen a las averías eléctricas y electrónicas.

En el caso de los equipos eléctricos, como contactores e interruptores, uno de los mayores factores de avería es el disparo de los equipos bajo carga. Este fenómeno, causado por los arcos eléctricos que se forman al producirse el disparo en carga, acelera el desgaste de los componentes del equipo y puede reducir su vida útil. Aunque el disparo en sí mismo, y el consecuente acortamiento de la vida útil del equipo, no afecta al MTBF, si el disparo provoca una avería en el equipo, entonces sí impactará en el MTBF.

En los equipos eléctricos rotativos, como motores y alternadores, las averías pueden originarse en los devanados, rodamientos y escobillas, en el caso de que estas últimas estén presentes. Dado que estos equipos están formados por un conjunto de componentes en serie, su fiabilidad total será el producto de las fiabilidades individuales de cada componente. Los devanados se ven afectados por las sobrecargas y la falta de refrigeración, lo que incrementa su temperatura y reduce su fiabilidad, la cual sigue una distribución exponencial. Los fallos de los rodamientos, relacionados con su desgaste, presentan una fiabilidad que sigue una distribución normal. Lo mismo ocurre con las escobillas, cuyo fallo también es generalmente causado por desgaste, con una fiabilidad que también se ajusta a una distribución normal. Además, la fiabilidad general de estos equipos puede verse afectada por la calidad del mantenimiento, incluyendo factores tan simples como la limpieza de las entradas de aire que permiten la refrigeración.

En cuanto a los equipos electrónicos, la mayoría de los fallos pueden clasificarse en dos categorías, fallos catastróficos y fallos paramétricos. Los primeros son causados por alteraciones en alguno de los componentes electrónicos, lo que provoca que el equipo deje de funcionar por completo. Los fallos paramétricos, por su parte, están relacionados con el desajuste de los parámetros de funcionamiento, de modo que el equipo sigue funcionando, pero fuera de sus valores óptimos. La fiabilidad de los equipos electrónicos debe tratarse utilizando la distribución de Weibull, ya que las averías suelen ocurrir durante la fase de vida útil del equipo, sin que se manifieste un desgaste previo.

Los equipos de control, como los autómatas programables, tienden a presentar una fiabilidad superior y suelen disponer de una mejor mantenibilidad. Esto se debe, en parte, a que no cuentan con piezas móviles internas, sino con semiconductores, lo que elimina los desgastes mecánicos y evita que los equipos entren en la fase de envejecimiento. Un factor crítico que influye en las averías de equipos electrónicos y de control es la temperatura. Se considera que, a partir de los 45ºC, la tasa de fallos de los equipos electrónicos aumenta significativamente, por lo que se recomienda mantener la temperatura por debajo de este umbral.

9.5.1 Selección de la Política de Mantenimiento según la Fiabilidad

Una vez determinada la fiabilidad de una máquina o conjunto, se pueden seguir los siguientes pasos para definir la estrategia de mantenimiento adecuada:

1. Determinación de la distribución que sigue el conjunto. Se realiza mediante Weibull, evaluando el valor que toma β:

   1.1. Si $\beta \leq 1$ será una distribución exponencial.

   1.2. Si $\beta < 3$ será una distribución intermedia.

   1.3. Si $\beta = 3$ será una distribución normal.

2. Se calcula la tasa de fallos.

3. Se calcula la fiabilidad en función del tiempo (t).

4. Se calcula el MTBF, en horas.

5. Con la función de fiabilidad y el MTBF se considera un período de tiempo t = 8760 h, correspondiente a un año, y se obtiene el número de fallos anual.

6. Sabido esto, se debe establecer un objetivo de fiabilidad. Habitualmente se consideran valores de entre el 95 y el 97% (F(t) = 0,95 – 0,97).

7. Siempre que $\beta \leq 1$, se aplicará mantenimiento correctivo, esperando a la que la pieza rompa para efectuar su cambio. Si $\beta > 1$ entonces se aplicará mantenimiento preventivo siempre que los costes y la seguridad así lo permitan.

8. En útima instancia deberá tenerse en cuenta si la sustitución del componente puede hacerse fuera de los períodos productivos de la máquina, y si el tiempo de la acción preventiva es menor que el de la correctiva.

9.6 Fiabilidad y Coste de Mantenimiento

El aumento de la fiabilidad de una instalación repercutirá directamente en la reducción del coste de mantenimiento. No obstante, es común que una instalación o máquina con componentes más fiables conlleve un coste de adquisición superior. Por lo tanto, es necesario alcanzar un compromiso que permita equilibrar ambos factores, con el objetivo de lograr un coste total mínimo, teniendo en cuenta tanto los gastos iniciales de adquisición como los costes de operación y mantenimiento a lo largo de la vida útil del sistema. En la Figura 24 se puede observar como al adquirir equipos más fiables, el coste integral de mantenimiento desciende haciendo que el coste total también descienda. Esta tendencia se revertirá pasado el punto de fibilidad óptima, debido al incremento exponencial del coste de adquisición.

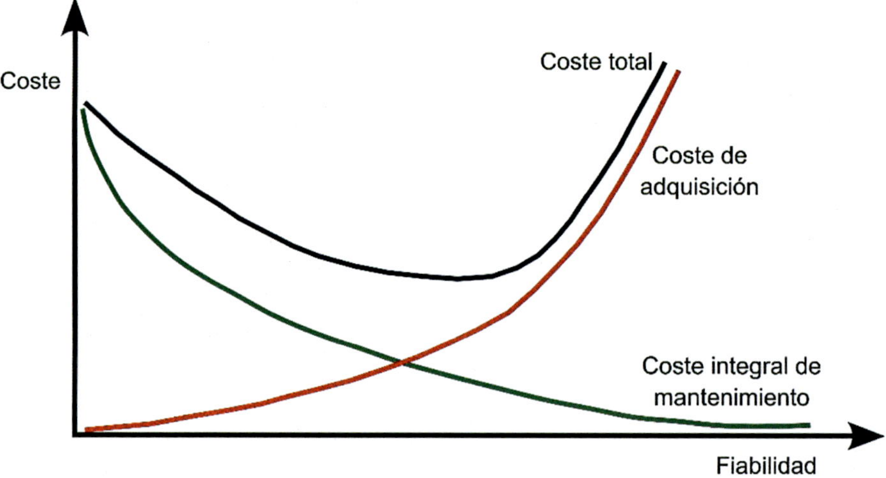

Figura 24 – Relación entre costes de adquisición y mantenimiento de un equipo.

De la Figura 24 se puede deducir que una fiabilidad excesiva de la instalación podría no ser económicamente viable. Esto se debe a que el incremento en el precio de adquisición supera la reducción en los costes de mantenimiento. Por lo tanto, para elevar la fiabilidad más allá del punto de coste mínimo, resulta más conveniente realizar un análisis detallado de los puntos débiles de las máquinas presentes en la instalación e implementar estrategias de mantenimiento modificativo. Esto permitirá optimizar la fiabilidad sin incurrir en un incremento desproporcionado de los costes iniciales.

9.6.1 Elección de Repuestos según MTBF y Coste

Es común que, al adquirir repuestos, los responsables de mantenimiento deban elegir entre dos o más variantes del mismo componente, generalmente procedentes del fabricante original y de terceras marcas. Aunque el coste de compra de repuestos es aditivo, no se debe prestar atención únicamente al precio unitario del componente, ya que la opción más económica no siempre es la más adecuada. En este contexto, el Departamento de Mantenimiento debe considerar el MTBF del componente. Conociendo el MTBF y el precio unitario del repuesto, es posible calcular el número de repuestos consumidos y el precio por hora del componente, que es el verdadero parámetro a tener en cuenta para tomar la decisión de compra.

Capítulo 10
Mantenimiento Centrado en la Confiabilidad

El Mantenimiento Centrado en la Confiabilidad (*Reliability Centered Maintenance*, RCM) es una técnica utilizada para definir las estrategias de mantenimiento de una instalación determinada. Al aplicar el RCM, se determina qué acciones deben ejecutarse sobre los equipos para asegurar su operatividad.

La historia del RCM se remonta a 1968, cuando la Asociación de Transporte Aéreo de los Estados Unidos elaboró un documento titulado *Maintenance Evaluation and Program Development* para su aplicación en las aeronaves Boeing 747. Dos años después, este documento fue revisado para adaptarlo a otras aeronaves. En 1974, el Departamento de Defensa de los Estados Unidos encargó a United Airlines la preparación de un informe sobre los procesos utilizados en el sector de la aviación civil. Este informe, titulado *Reliability Centered Maintenance*, estableció las bases de la estrategia que se emplea en la actualidad. Estos esfuerzos respondieron a la necesidad no solo de garantizar que las tareas de mantenimiento se realizaran correctamente, sino también de asegurar que dichas tareas fueran las más adecuadas.

En la actualidad, dado el elevado número de equipos presentes en las instalaciones y la complejidad inherente a cada uno de ellos, resulta indispensable que cada tarea de mantenimiento aporte valor a la operación global de la instalación. El RCM, aplicado conforme a los estándares SAE JA1011 - *Evaluation Criteria for Reliability-Centered Maintenance (RCM) Processes* y JA1012 - *A Guide to the Reliability-Centered Maintenance (RCM) Standard*, se reconoce como la técnica más efectiva para garantizar la mínima cantidad de tareas necesarias para preservar las funciones de los equipos. Añadida a las normas SAE, la UNE-EN 60300-3-11 - *Gestión de la confiabilidad. Parte 3-11: Guía de aplicación. Mantenimiento centrado en la fiabilidad* se presenta como una guía de aplicación. Este enfoque asegura que la relación entre coste y eficacia de la estrategia de mantenimiento sea óptima. En otras palabras, permite alcanzar la disponibilidad requerida al menor coste posible, preservando la seguridad y el medioambiente.

El RCM emplea un procedimiento sistemático para identificar los modos de fallo, sus efectos, la criticidad de los equipos y las tareas de mantenimiento más eficaces desde los puntos de vista técnico y económico, con el objetivo de prevenir dichos fallos. Su aplicación mejora la eficacia del mantenimiento, incrementando la fiabilidad del sistema, reduciendo costes, generando registros y ayudando al Departamento de Mantenimiento a comprender las razones y objetivos por los cuales se aplica cada tarea de mantenimiento.

Además, el RCM cuestionó los principios clásicos que hasta entonces fundamentaban las estrategias de mantenimiento. Antes de su desarrollo, se asumía que, a medida que un equipo envejecía, la probabilidad de fallo aumentaba. Sin embargo, el RCM demostró que esta suposición no siempre se cumple. En la Figura 25 se presentan los seis patrones de fallo identificados por el RCM e incluidos en el Anexo C de la norma UNE-EN 60300-3-11.

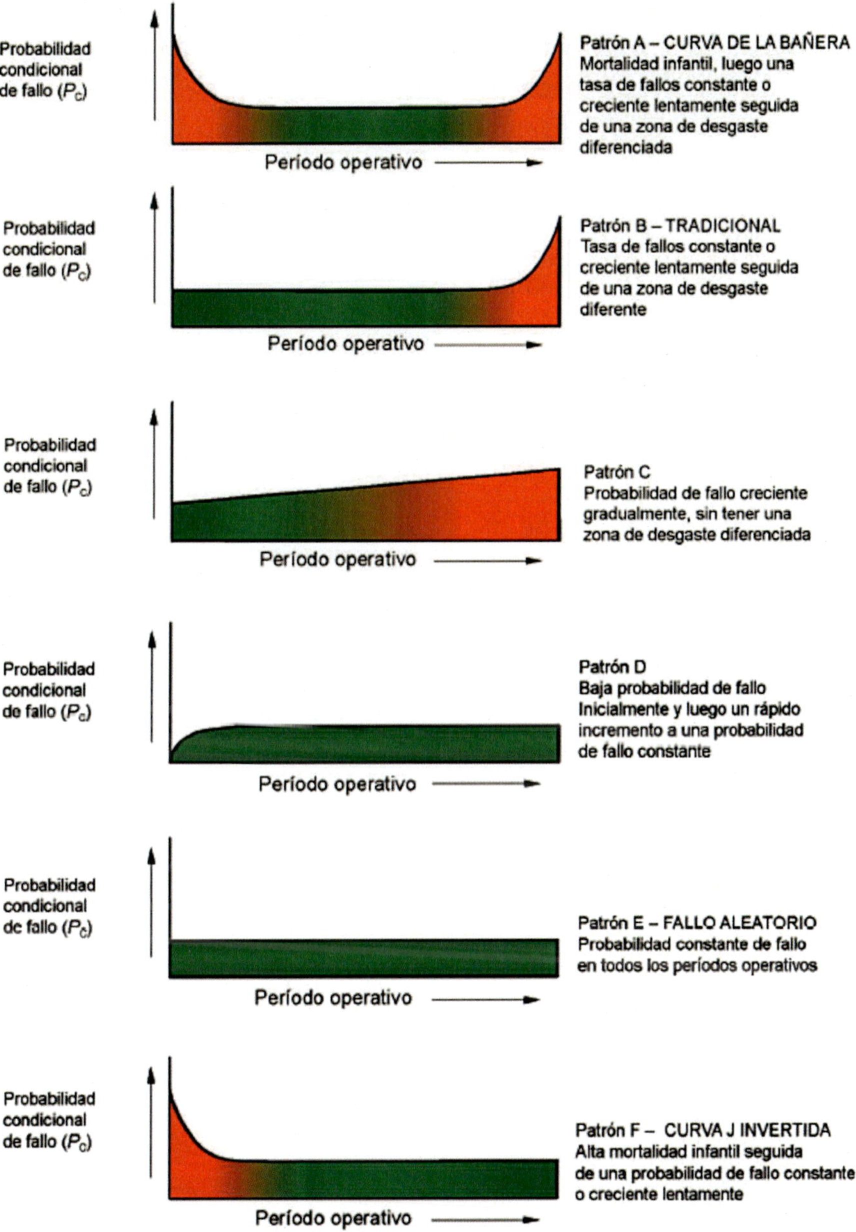

Figura 25 – Patrones de fallo (UNE-EN 60300-3-11).

La aplicación del RCM y sus seis patrones de fallo cuestionan las estrategias de mantenimiento tradicionales, particularmente el mantenimiento preventivo y la realización de mantenimientos mayores, caracterizados por grandes desmontajes y la sustitución sistemática de componentes. Por ejemplo:

- Si se estima que un componente responde a los modos de fallo representados por las curvas A o B, pero en realidad se ajusta al modo F, no solo no se logra mejorar el rendimiento de la máquina, sino que existe el riesgo de empeorar su condición.

- Si la máquina presenta un comportamiento que se ajusta a la curva de fallo E, la implementación de mantenimiento preventivo se convierte en un gasto innecesario, ya que la probabilidad de fallo no se ve alterada.

Históricamente, la aplicación del mantenimiento preventivo resultaba beneficiosa debido a que la mayoría de los componentes de las máquinas eran de naturaleza mecánica. Estos componentes presentan una tasa de fallos creciente con el tiempo, consecuencia de fenómenos como el desgaste, la corrosión y la fatiga. Sin embargo, con el incremento en el uso de la electrónica, cuyos patrones de fallo son aleatorios y no están relacionados con el envejecimiento de la máquina, se hizo necesario modificar la concepción de las estrategias de mantenimiento.

La estrategia del Mantenimiento Centrado en la Confiabilidad prioriza la ejecución de tareas proactivas, como el mantenimiento predictivo. No obstante, también incluye determinadas tareas preventivas, como las sustituciones cíclicas, y recurre a tareas reactivas cuando las acciones proactivas no han logrado evitar el fallo. En estos casos, el enfoque del RCM se centra en identificar la causa raíz del fallo ya producido y en proponer rediseños de equipos o procesos para prevenir su repetición.

La selección de las tareas más adecuadas, en función de la severidad del fallo identificado, puede realizarse mediante el uso de la curva P-F, que describe la progresiva degradación de las prestaciones de un equipo a lo largo del tiempo. La hipótesis en la que se basa la curva P-F sostiene que la progresión de los fallos no es observable durante un período prolongado, sino que inicialmente se desarrollan de manera imperceptible. Sin embargo, en un determinado momento, el proceso se acelera y aparece el fallo.

Actualmente, se sabe que los indicadores de fallo potencial aparecen con mayor o menor antelación en la curva P-F y que, en determinadas etapas, solo algunos métodos específicos son capaces de detectar un fallo incipiente. La utilización de la técnica adecuada es crucial para identificar el fallo en las primeras fases, lo que permite disponer de un mayor margen temporal para planificar las tareas de mantenimiento y, de este modo, minimizar el impacto en la disponibilidad de la instalación. Como evolución de la curva P-F, Doug Plucknette desarrolló la curva D-I-P-F, que amplía el concepto original al incluir las fases de Diseño e

Instalación. La Figura 26 presenta la curva D-I-P-F, acompañada de las técnicas más efectivas aplicables en cada una de sus etapas.

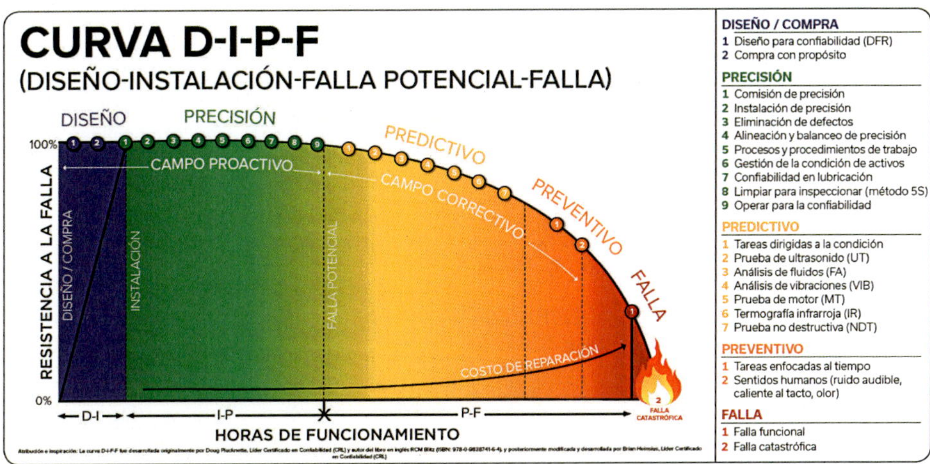

Figura 26 – Curva D-I-P-F creada por Doug Plucknette desde la curva P-F.

10.1 Aplicación del Mantenimiento Centrado en la Confiabilidad

El proceso del RCM se desarrolla respondiendo a siete preguntas que deben contestarse en un orden previamente establecido:

- ¿Cuáles son las funciones y los parámetros de funcionamiento del equipo en su contexto operacional? Es necesario definir las funciones específicas del equipo.

- ¿De qué manera falla en cumplir dichas funciones? Se deben identificar los fallos funcionales.

- ¿Cuál es la causa de cada fallo funcional? Es imprescindible determinar las causas subyacentes.

- ¿Qué sucede cuando ocurre el fallo? Se deben analizar los efectos del fallo sobre la máquina y la instalación.

- ¿Qué consecuencias tiene el fallo? Es fundamental evaluar el impacto del fallo desde diferentes perspectivas, como la operativa, económica, ambiental o de seguridad.

- ¿Qué se puede hacer para prevenir o predecir el fallo? Se deben identificar tareas de mantenimiento preventivo o predictivo que reduzcan la probabilidad de fallo.

- ¿Qué se puede hacer si no se encuentra una tarea preventiva o predictiva que evite el fallo? En este caso, se deben plantear otras estrategias, como rediseños o planes reactivos, para gestionar las consecuencias del fallo.

Al definir las funciones de una máquina, se busca enumerar aquellas que se espera que cumpla cuando opera en perfecto estado de funcionamiento, con todas sus capacidades plenas. No se trata de identificar las funciones que la máquina puede desempeñar en un momento determinado, las cuales podrían estar mermadas por diversos factores. Para este propósito, es común utilizar una base de datos FMECA, en la que se clasifican las funciones en dos grupos: primarias y secundarias.

Las funciones primarias son aquellas para las que la máquina ha sido diseñada y constituyen su propósito principal. Por su parte, las funciones secundarias se relacionan con aspectos complementarios como la seguridad, el impacto ambiental y la economía.

En el análisis de funciones, se debe priorizar el uso de parámetros cuantitativos y evitar descripciones subjetivas. En lo que respecta a las funciones de seguridad, estas solo serán evaluadas si alguna de las funciones primarias no se cumple.

Una vez definidas las funciones, los fallos funcionales describen las formas en las que cada función puede fallar. En términos generales, estos fallos se clasifican en dos categorías:

- Fallo total: La función no puede ser realizada en absoluto.

- Fallo parcial: La función se realiza de manera incompleta, sin cumplir todos los parámetros establecidos para su correcto desempeño.

En cuanto a los efectos, estos son los que alertan al operador sobre la presencia de un fallo. Sin embargo, diferentes modos de fallo pueden generar efectos similares o idénticos en el funcionamiento de una máquina, lo que complica el diagnóstico. El RCM establece la necesidad de complementar la identificación de los efectos con información adicional para evaluar adecuadamente las consecuencias asociadas. Dichas consecuencias pueden incluir:

- Amenazas para la seguridad o el medio ambiente.
- Pérdida de operatividad en la instalación.
- Inducción de fallos secundarios en otros equipos.

Este análisis detallado es fundamental para priorizar las acciones correctivas y establecer estrategias de mantenimiento eficaces.

Una vez respondidas las cuatro primeras preguntas, se utiliza el diagrama de decisión incluido en la norma UNE-EN 60300-3-11 y reproducido en la Figura 27 para clasificar las consecuencias del modo de fallo y determinar qué tareas de mantenimiento podrían prevenir dichas consecuencias.

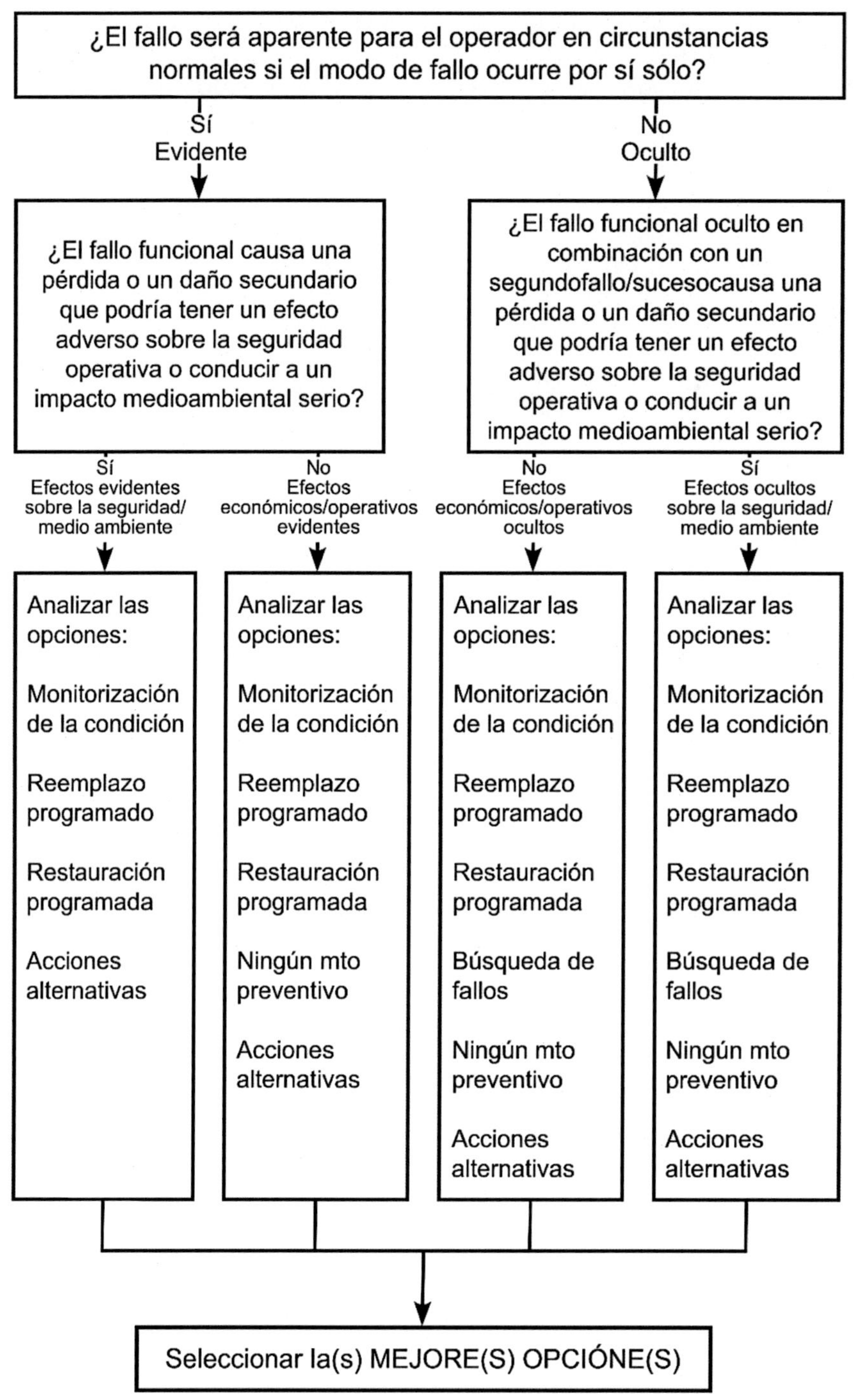

Figura 27 – Diagrama de decisión RCM (adaptado de UNE-EN 60300-3-11).

Habitualmente se consideran cuatro tipos de consecuencias, que a su vez derivan en cuatro caminos específicos dentro del diagrama de decisión: consecuencias de fallo oculto, consecuencias de seguridad o medio ambiente, consecuencias operacionales y consecuencias no operacionales.

En caso de que no sea posible predecir o prevenir el fallo, se sigue el camino descendente del diagrama, actuando según el tipo de consecuencia. Los dos primeros tipos de consecuencias, fallos ocultos y las relacionadas con la seguridad o el medio ambiente, no permiten adoptar una actitud pasiva; es decir, si el análisis determina que no es técnicamente viable o económicamente rentable realizar tareas de mantenimiento, será necesario implementar una solución alternativa:

- Consecuencias de fallo oculto: Se deben programar tareas periódicas de detección de fallos, con una periodicidad adecuada a la magnitud de las consecuencias y a la probabilidad del fallo.

- Consecuencias sobre la seguridad o el medio ambiente: Si se establece una tarea de mantenimiento, esta debe reducir la probabilidad de fallo a un nivel tolerable, definido por los afectados. Dado que alcanzar y consensuar dicho nivel suele ser complejo, a menudo será necesario rediseñar el sistema para eliminar o mitigar el riesgo de forma efectiva.

En lo que respecta a las consecuencias operacionales, estas impactan negativamente en la capacidad operativa de la instalación, ya sea mediante una reducción del rendimiento, una disminución en la calidad del producto o servicio, o un incremento de los costes. La implementación de tareas de mantenimiento para mitigar estas consecuencias será adecuada si el coste de dichas tareas es inferior al coste asociado a las consecuencias, incluyendo el de la reparación del fallo.

Por último, en el caso de las consecuencias no operacionales, donde el único impacto es el coste de reparación del fallo, será conveniente implementar tareas de mantenimiento únicamente si su coste es menor que el coste de la reparación.

10.2 Análisis de Criticidad en el Mantenimiento Centrado en la Confiabilidad

El análisis de criticidad se realiza para priorizar los modos de fallo en función del riesgo que estos suponen para la organización, considerando sus consecuencias en términos de seguridad, medioambientales y económicos. Una aplicación adecuada y razonable del RCM distingue los equipos y máquinas de la instalación según su criticidad y la probabilidad de fallo. La criticidad puede clasificarse en cuatro niveles:

- Catastrófica: El fallo del equipo representa riesgos significativos para la seguridad y/o el medio ambiente. Además, afecta al funcionamiento de toda la instalación durante períodos de tiempo superiores a una semana.

- Mayor: El fallo provoca riesgos para la seguridad, pero no involucra muertes. Las paradas de la instalación son menores a una semana.

- Marginal: El fallo ocasiona heridas graves y provoca una parada de la instalación con una duración inferior a un día.

- Menor: No existen heridos graves, únicamente se deben aplicar primeros auxilios. En este caso, se produce una disminución del rendimiento de la instalación o se deja sin redundancia.

El análisis de criticidad se realiza mediante una matriz que clasifica los activos de la instalación en equipos críticos y no críticos. Para ello, se evalúan tanto la criticidad de cada equipo como la probabilidad de que sufra un fallo. La probabilidad de cada modo de fallo se categoriza en bandas según su tiempo medio entre fallos (MTBF) u otra medida probabilística similar. Por lo general, se definen cinco bandas de probabilidad:

- Frecuente (más de una ocurrencia en un ciclo operativo).

- Probable (una ocurrencia en un ciclo operativo).

- Ocasional (más de una ocurrencia en la vida del equipo).

- Improbable (una ocurrencia en un período igual a dos veces la vida del equipo).

- Remoto (una ocurrencia en un período superior a dos veces la vida del equipo).

En la Tabla 8 se muestra una matriz de criticidad con las categorías presentadas.

Tabla 8 – Ejemplo de matriz de criticidad.

Probabilidad	**Consecuencia**			
	Catastrófica	**Mayor**	**Marginal**	**Menor**
Frecuente	1	1	2	2
Probable	1	2	2	3
Ocasional	2	2	3	3
Improbable	2	3	3	3
Remota	3	3	3	3

Siendo los niveles: 1 – indeseable; 2 – aceptable; y 3 – menor.

Dependiendo de si los activos a analizar son críticos o no críticos, se seleccionarán las tareas de mantenimiento apropiadas, siguiendo los esquemas presentados en las Figuras 28 y 29, respectivamente.

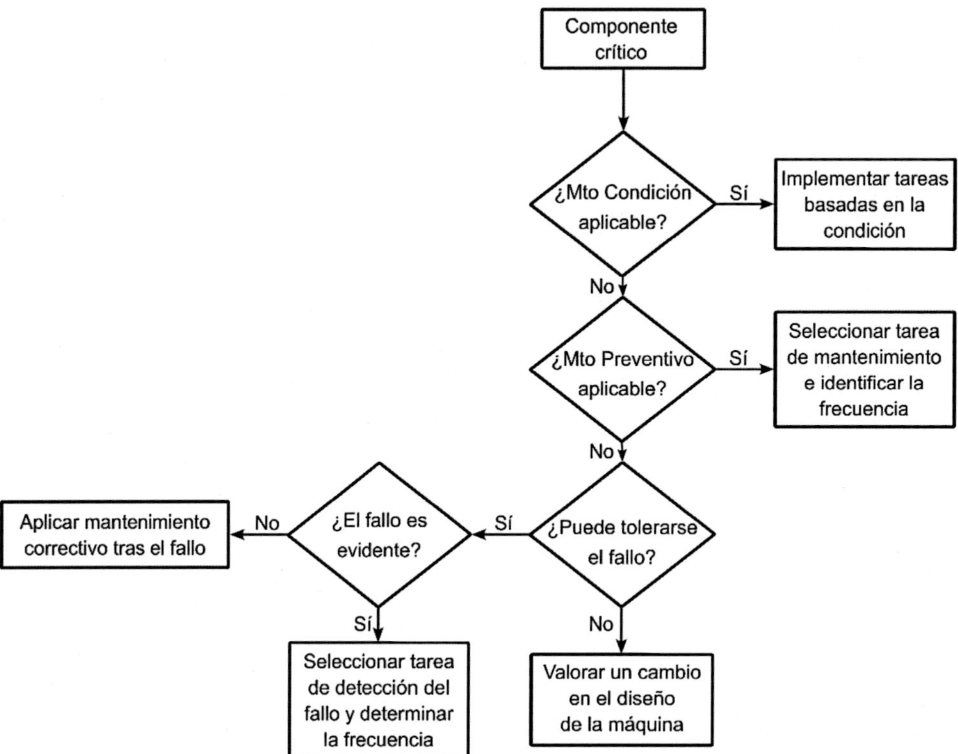

Figura 28 – Diagrama de selección de tareas de mantenimiento para equipos críticos.

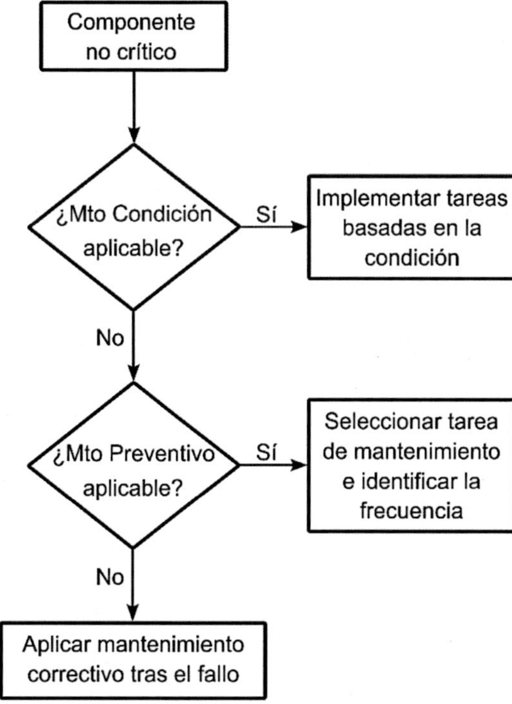

Figura 29 – Diagrama de selección de tareas de mantenimiento para equipos no críticos.

10.3 Rendimiento del Mantenimiento Centrado en la Confiabilidad

La aplicación del RCM en una empresa debe ser supervisada para garantizar que su implementación sea adecuada y aporte beneficios a la organización. A lo largo de los años, se han definido varios indicadores cuantitativos del RCM, los cuales destacan por ser precisos, objetivos y más fáciles de analizar en tendencias que las descripciones cualitativas. Estos indicadores se componen de un punto de referencia y un descriptor. El punto de referencia es una expresión numérica que representa un objetivo establecido, mientras que el descriptor indica la función o el proceso considerado para la medición.

El primer indicador es el porcentaje de emergencias (EMP), que se define como la relación entre las horas dedicadas a trabajos de emergencia ($THWEJ$) y el total de horas trabajadas (THW), Ecuación 28.

$$EMP = \frac{THWEJ}{THW} \tag{28}$$

El valor de referencia para este indicador es del 10% o menos.

En segundo lugar, la Ecuación 29 determina la métrica del porcentaje de horas extras dedicadas a mantenimiento (MOP), definida como la relación entre el total de horas extras de mantenimiento realizadas en un período ($TOGP$) y el número total de horas de trabajo normal en ese mismo período ($TRGP$).

$$MOP = \frac{TOGP}{TRGP} \tag{29}$$

El valor de referencia para este indicador es del 5% o menos.

El tercer indicador es la disponibilidad, calculada según lo indicado en la Ecuación 18. Como valor de referencia, se considera adecuada una disponibilidad del 96% o superior.

10.4 Aplicación del RCM para la Mejora Continua

El RCM sólo logrará su objetivo con las iteraciones posteriores a su implantación. Por tanto, el RCM sienta las bases para la mejora continua del mantenimiento.

El contexto operativo y las hipótesis formuladas al aplicar el RCM deben considerarse como documentos vivos y mantenerse a lo largo de la vida útil de la máquina. Estos deben ser revisados regularmente, especialmente cuando se produzcan cambios en la configuración del equipo o en sus condiciones de operación. Los cambios en el contexto operativo pueden dar lugar a modificaciones en los intervalos o en las tareas de mantenimiento seleccionadas.

Una vez que el RCM ha identificado el plan de mantenimiento más adecuado para la instalación, será necesario revisarlo periódicamente para incorporar la retroalimentación de los datos de mantenimiento obtenidos a partir de la implementación del análisis RCM, así como los requisitos para las actualizaciones del sistema.

Cualquier modificación del sistema, reparación o cambio de configuración deberá estar sujeta a una nueva iteración del análisis RCM. Es posible que este tipo de acciones no den lugar a cambios en el programa de mantenimiento, pero los cambios en las funciones del sistema deben documentarse en la definición del contexto operativo y en los análisis de fallos. No obstante, un cambio significativo en el equipo o en su operación podría dar lugar a un programa de mantenimiento completamente diferente.

Capítulo 11
Gestión Económica del Mantenimiento

Las instalaciones actuales son cada vez más eficientes, aunque este avance se logra mediante la incorporación de capas adicionales de complejidad. Lo que anteriormente consistía en equipos puramente mecánicos o con accionamientos eléctricos, hoy en día son máquinas controladas por autómatas programables, muchas veces interconectadas a través de redes. Esta complejidad añadida permite una producción y un servicio más eficientes y controlados; sin embargo, también encarece tanto el coste inicial de las máquinas como sus requerimientos de mantenimiento. Por esta razón, la adquisición de una nueva máquina para la instalación suele fundamentarse en una decisión basada en el beneficio económico que esta aportará, del cual deben descontarse los costes de operación y mantenimiento que implicará.

Dependiendo del tipo de instalación, este sobrecoste puede amortizarse parcialmente mediante el incremento de la capacidad de producción. Por ejemplo, se podría pasar de un régimen de trabajo de dos turnos a uno de tres, de modo que el aumento en la producción compense la inversión en nuevos equipos. Sin embargo, si se produjera una parada de planta debido a la avería de un equipo, esto podría comprometer seriamente la economía de la empresa.

En términos generales, los costes empresariales se dividen en dos categorías:

- Costes Fijos: Son independientes del nivel de producción de la instalación e incluyen gastos como mano de obra indirecta, amortización de maquinaria, mantenimiento preventivo, materiales, seguros e impuestos, entre otros.

- Costes Variables: Dependen del volumen de producción de la instalación y comprenden costes de personal, energía, mantenimiento correctivo y gastos financieros.

Aunque de diferente naturaleza, tanto el mantenimiento correctivo, por su variabilidad y la posibilidad de generar un aumento súbito en los gastos, como el mantenimiento preventivo, al ser un coste fijo que representa una carga constante, afectan directamente la economía de la empresa, influyendo en sus resultados. Asimismo, debe considerarse el coste de fallo, que corresponde a las pérdidas derivadas de la falta de disponibilidad de las máquinas en la instalación. Este coste es especialmente relevante, ya que un ahorro en mantenimiento que, a corto plazo, puede parecer beneficioso, podría resultar perjudicial desde una perspectiva económica si derivase en una parada prolongada de planta.

11.1 Objetivos Económicos del Mantenimiento

El objetivo del mantenimiento de máquinas es garantizar el buen funcionamiento de los equipos de la instalación al menor coste posible sin comprometer la calidad operativa. Este concepto, sin embargo, puede interpretarse de diferentes maneras según la posición que ocupa cada persona dentro de la empresa.

- Para los ejecutivos y la alta dirección, el coste de mantenimiento adquiere especial relevancia en el proceso de adquisición de nuevos equipos. No solo se debe considerar el coste inicial de compra, sino también el coste total por unidad de producción. Esto implica evaluar los gastos de adquisición, operación y mantenimiento del equipo en relación con su capacidad productiva total.

- Para los integrantes del Departamento de Mantenimiento, el enfoque principal es la gestión eficiente de la máquina. El Departamento dispone de datos históricos sobre los costes asociados a cada equipo, y el coste total del mantenimiento se compone tanto del gasto en las operaciones de mantenimiento (ejecución y subcontratación de tareas, además de la gestión de repuestos) como de la pérdida de beneficios a consecuencia de fallos. Más específicamente, los costes relacionados con el mantenimiento variarán según la relevancia y la frecuencia de las tareas realizadas.

En caso de que se produzca una parada de máquina o, peor aún, una parada de planta, es necesario considerar dos tipos de costes. En primer lugar, habrá una pérdida de beneficios derivada de la interrupción de la producción o del cuello de botella generado. Además, se incurrirá en costes adicionales debido a pérdidas de materiales, desperdicios y contrataciones adicionales para realizar las reparaciones necesarias. Estas pérdidas estarán relacionadas con la duración y gravedad de las averías, la rapidez con la que se pueda restablecer el servicio de la instalación, y la frecuencia con la que ocurran dichas averías. La dificultad reside en determinar y aplicar la cantidad adecuada de mantenimiento, ya que un exceso podría igualmente resultar contraproducente.

11.2 Coste Integral del Mantenimiento

El impacto económico derivado de la gestión del mantenimiento dentro de la empresa se evalúa mediante el Coste Integral de Mantenimiento. Aquellos equipos, máquinas, instalaciones o empresas que presenten un elevado coste integral de mantenimiento pueden optimizar su gestión. El objetivo es reducir este coste en todas las partes de la instalación.

Para determinar qué tipo de mantenimiento es más adecuado aplicar, ya sea preventivo o predictivo, es posible realizar un análisis basado en criterios técnico-económicos. Este análisis comienza con la observación de las oscilaciones en la vida útil y la identificación de la menor vida útil probable. La vida del componente puede clasificarse en tres categorías:

1. La oscilación de vida útil es mucho menor que la menor vida útil probable. A este tipo de componentes conviene asignarles una vida útil igual a la menor vida útil probable y sustituirlos automáticamente. Aunque se sabe que gran parte de estos componentes podrían durar más horas, dado que la oscilación de vida útil es pequeña, no se estarán desaprovechando demasiados recursos. En este caso se emplea la clase de mantenimiento preventivo sistemático.

2. Cuando la oscilación de la vida útil es similar a la menor vida útil probable, el parámetro no es determinante para seleccionar una clase de mantenimiento preventivo sistemático o predictivo, y se debe realizar una comparación de costes.

3. En el caso de que la oscilación de la vida útil sea mucho mayor que la menor vida útil probable, no se puede asumir que el componente dure hasta la menor vida útil probable, ya que existe un riesgo de desaprovechamiento al sustituir la pieza de manera automática. En este caso, se debe optar por el mantenimiento predictivo, realizando revisiones periódicas del componente al llegar a la mínima vida útil probable y sustituyéndolo si en alguna de estas revisiones apareciera un defecto.

En el segundo caso presentado, cuando la oscilación de la vida útil y la menor vida útil probable sean similares, y se deba llevar a cabo una comparación de costes, para ello se utiliza el Coste Integral de Mantenimiento (CI), que se muestra en la Ecuación 30:

$$CI = C_{mano_{obra}} + C_{materiales} + C_{pérdidas} \tag{30}$$

Donde:

- $C_{mano_{obra}}$: Coste de la mano de obra necesaria para ejecutar el mantenimiento.
- $C_{materiales}$: Coste de los materiales utilizados en la reparación.
- $C_{pérdidas}$: Costes originados por la parada de la máquina.

Observando la fórmula del Coste Integral de Mantenimiento, se deduce que las averías imprevistas incrementarán este término, ya que las tareas no programadas pueden generar gastos adicionales, como trabajo en fines de semana y solicitudes urgentes de repuestos, entre otros. El estudio del Coste Integral de Mantenimiento por hora resulta interesante para comparar qué clase de mantenimiento resulta más adecuada. En el caso de utilizar la clase de mantenimiento preventivo sistemático, el CI por hora de mantenimiento será constante, suponiendo que la pieza no se avería antes de su mínima vida útil probable. Al emplear mantenimiento predictivo, implementando revisiones programadas de piezas, a mayor número de horas de funcionamiento de la pieza se registrarán menos paradas por avería y menores intervenciones de mantenimiento, lo que provocará que la curva CI por hora sea descendente. Estos tres casos se pueden observar en la Figura 30:

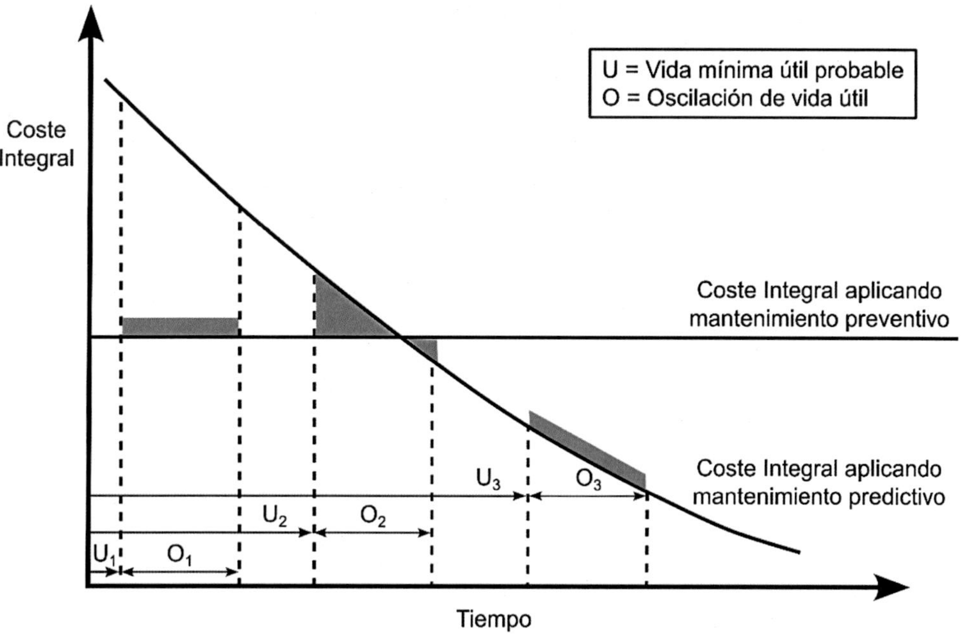

Figura 30 – Selección del mantenimiento en función del coste integral.

La elaboración práctica de las curvas CI/hora para una instalación específica se basa en la disponibilidad de información detallada sobre la vida útil de la maquinaria. Cuando el Departamento de Mantenimiento aún no dispone de datos históricos, solo se puede realizar una previsión subjetiva sobre la duración de los componentes, basada en los datos proporcionados por los fabricantes de los equipos y en la experiencia de los operadores.

Los costes más representativos que componen el coste integral de mantenimiento son los costes fijos, los costes variables y los costes de fallo, estos últimos derivados de la pérdida de beneficios debido a averías o paradas. A estos se deben añadir las pérdidas energéticas ocasionadas por la avería, así como las posibles sanciones administrativas, habitualmente relacionadas con motivos de contaminación ambiental, derivadas de la misma.

Aunque podría parecer que la reducción de los costes fijos y variables conduce a una disminución significativa del coste integral, esto no suele ser así. Esto se debe a que los costes asociados a fallos son inversamente proporcionales a los costes mencionados; es decir, tienden a aumentar a medida que los costes fijos y variables disminuyen. Sin embargo, existe un punto en el que el coste integral alcanza su valor mínimo, y dicho punto constituye el objetivo principal del Departamento de Mantenimiento.

Dentro de los costes de fallo, varios factores influyen en su impacto sobre el coste integral de mantenimiento. La disponibilidad del producto o servicio en el mercado, el ritmo de producción y consumo, así como la estacionalidad del producto o servicio, determinarán si una parada por avería implica una pérdida económica mayor o menor. Además, es importante considerar que, en la mayoría de las instalaciones, cuando una instalación falla, los costes variables desaparecen.

11.2.1 El Coste Integral del Mantenimiento en las Empresas de Servicios

Mientras que en las fábricas de productos tangibles el coste de fallo es relativamente fácil de determinar, en las empresas de servicios resulta más complicado, ya que dicho coste no puede sustentarse en la pérdida de producción. En el caso de estas empresas, será necesario valorar económicamente la repercusión de no alcanzar un objetivo o de incumplir un contrato debido a una avería.

Dentro de las empresas de servicios, un fallo puede desencadenar dos consecuencias: el objetivo o contrato se cumple defectuosamente, o directamente no se cumple. En el primer caso, los defectos en el cumplimiento del contrato pueden manifestarse como retrasos en el servicio; en este sentido, el coste del fallo dependerá del entorno empresarial. Si la empresa que ofrece el servicio es un monopolio, es probable que el coste del fallo deba ser asumido por el cliente. Sin embargo, cuando existen competidores, lo más habitual es que el cliente recurra a otro proveedor. En caso de que la empresa no pueda ofrecer el servicio debido a una avería, el coste del fallo se equipara al coste de la operación a precio de venta del servicio contratado.

El volumen de ventas de la empresa también juega un papel determinante. Una empresa en una situación económica débil no sufrirá grandes pérdidas si se produce una avería; en cambio, si el volumen de ventas es elevado, la parada implicará una pérdida debido a los servicios no prestados. Asimismo, una empresa que tenga la capacidad de incrementar turnos una vez solucionada la avería podría recuperar la producción perdida y minimizar el coste de fallo.

La implantación del mantenimiento preventivo en una empresa tiene como objetivo la consecución de un coste integral de mantenimiento bajo, por lo que es conveniente que este abarque el mayor número posible de componentes, especialmente el coste derivado de las paradas por avería y las paradas programadas para mantenimiento. También es interesante desglosar los gastos asociados al mantenimiento realizado tanto en taller como en campo, con el fin de analizar qué áreas generan un mayor coste.

11.3 Coste de Mantenimiento frente a Inversión de Mejora

En determinados casos, se llevan a cabo tareas de mantenimiento modificativo en una máquina, que implican la incorporación de ampliaciones o mejoras. Según el impacto de estos cambios en la máquina, se pueden distinguir dos escenarios:

- Si la modificación afecta al diseño de la máquina, reforzando componentes de la estructura, introduciendo nuevos materiales o incorporando piezas con formas distintas, el coste asociado debe considerarse como un coste de mantenimiento, ya que estas modificaciones no influyen directamente en el ritmo de producción de la máquina.

- En cambio, si las modificaciones realizadas amplían la instalación o alteran el proceso, el coste correspondiente debe clasificarse como una inversión, puesto que estas mejoras están orientadas a incrementar el ritmo de producción de la máquina.

11.4 Subcontratación de Reparaciones

Debido a la complejidad o a la necesidad de medios especializados, algunas tareas de mantenimiento correctivo deben ser realizadas en talleres externos a la instalación. Estos talleres pueden ser independientes o formar parte del servicio técnico oficial del fabricante. Aunque, a priori, esto pueda parecer un sobrecoste, en realidad, la especialización de estos servicios puede traducirse en menores tiempos de reparación y una mejor calidad en los resultados.

Es recomendable separar este coste del mantenimiento realizado por el personal propio de la empresa, asignando la factura a un epígrafe específico de reparaciones subcontratadas. Además, es importante registrar si la reparación se llevó a cabo bajo un contrato cerrado o por administración, así como el número de horas empleado. En el caso de los contratos, resulta pertinente documentar las condiciones principales, si incluían únicamente la mano de obra o también los repuestos necesarios.

Estos datos contribuirán a la creación de un historial que podrá ser consultado por el Departamento de Mantenimiento en el futuro, facilitando la optimización de la programación de las actividades de mantenimiento en la instalación.

11.5 Renovación y Reconstrucción de Maquinaria

Desde la perspectiva de los costes anuales de mantenimiento, una de las problemáticas a las que se enfrenta el Departamento de Mantenimiento es la decisión de renovar una máquina o equipo. Esta situación puede surgir cuando la máquina instalada muestra signos de envejecimiento, lo que incrementa de manera significativa sus costes de mantenimiento, o cuando las paradas se vuelven tan frecuentes que el coste de fallo de la instalación adquiere una relevancia considerable.

En otros casos, aunque la máquina aún no haya alcanzado un estado de envejecimiento, puede haberse quedado obsoleta o, por motivos legislativos o de seguridad, ya no cumplir con los requisitos necesarios para operar. Adicionalmente, el avance tecnológico puede dar lugar a escenarios en los que, a pesar de que la máquina continúe produciendo de manera eficiente, las nuevas opciones disponibles en el mercado ofrezcan costes de operación significativamente menores, haciendo que el reemplazo se convierta en una alternativa viable.

En el caso particular del reemplazo de equipos eléctricos y electrónicos, prever las fechas de sustitución puede resultar más complejo debido a la naturaleza aleatoria de los fallos que suelen presentar estos equipos. Además, los costes de adquisición de estos equipos tienden a decrecer con el tiempo, lo que intensifica la consideración de las ventajas económicas de los nuevos desarrollos tecnológicos en comparación con los sistemas mecánicos, por ejemplo. La política de reemplazo para estos equipos debería basarse en una evaluación probabilística de los fallos y en un análisis orientado a minimizar los costes totales asociados. Para la evaluación probabilística es habitual utilizar la tasa de fallos de la máquina combinada con la distribución de Weibull. La decisión de sustituir o no un equipo, considerando la minimización de costes, dependerá del balance entre el coste de sustitución anticipada y el coste de fallo asociado a una avería no prevista. La relación entre el coste unitario de sustitución de la máquina y su tiempo de utilización permite evaluar la eficacia de la política de sustitución implementada, considerando la edad del equipo.

Dentro del análisis del coste unitario de sustitución, es fundamental tener en cuenta el valor residual de la máquina que se pretende reemplazar. En algunos casos, un equipo considerado obsoleto en una instalación puede ser vendido a otra empresa con procesos menos avanzados que aún pueda aprovecharlo. Alternativamente, también es posible recurrir a desguaces para la recuperación y reutilización de materiales, lo que puede contribuir a reducir los costes netos de sustitución.

11.5.1 Amortización de la Máquina

Además de considerar el desgaste de la máquina asociado al uso, que habitualmente implica gastos adicionales debido al incremento en la tasa de fallos, es necesario tener en cuenta la obsolescencia tecnológica de la máquina y su valor residual. Asimismo, resulta fundamental analizar la amortización real tanto de la máquina nueva como de la antigua. La comparación de estos valores proporciona una base sólida para tomar una decisión informada respecto al reemplazo del equipo antiguo.

Para aplicar esta técnica se debe comenzar calculando los valores de amortización de la máquina nueva, resultantes de las Ecuaciones 31 y 32:

$$V_{técnico} = V_n - \frac{V_R}{dT} \tag{31}$$

$$V_{económico} = V_n - \frac{V_R}{dE} \tag{32}$$

Donde:

- V_n: Valor actual de la máquina nueva.
- V_R: Valor residual de la máquina a reemplazar.
- dT: Duración técnica de la máquina nueva.
- dE: Duración económica de la máquina nueva.

De entre estos valores, se toma el menor y se introduce en la Ecuación 33:

$$(COp_V + CI_V) > COp_n + CI_n + V_a \tag{33}$$

Donde:

- COp_V: Costes anuales de operación de la máquina a reemplazar.
- CI_V: Coste integral del mantenimiento de la máquina a reemplazar.
- COp_n: Costes anuales de operación de la máquina nueva.

- CI_n: Coste integral del mantenimiento de la máquina nueva.
- V_a: Valor de amortización, obtenido de las Ecuaciones 31 y 32.

Si se cumple lo establecido en la Ecuación 33, será necesario proceder con la renovación de la máquina. En caso contrario, la máquina en cuestión podrá seguir operando de manera económicamente viable durante un periodo adicional.

11.5.2 Reconstrucción de la Máquina

Con el paso del tiempo y la acumulación de horas de funcionamiento, las máquinas experimentan un desgaste progresivo que culmina en su envejecimiento, lo que conlleva un aumento significativo en la tasa de fallos. En ocasiones, reemplazar la máquina para mitigar esta tasa de fallos no resulta operativo, y se opta por reconstruir el equipo instalado. Si se decide proceder con la reconstrucción, esta debe tener como objetivo restaurar la máquina a una tasa de fallos considerada normal, mejorando su fiabilidad respecto al estado actual. Además, se podrían introducir mejoras técnicas orientadas a incrementar su eficiencia operativa o mejorar su mantenibilidad.

Como criterio general, se recomienda considerar la reconstrucción de la máquina una vez que esta haya sido totalmente amortizada. En este punto, es indispensable realizar un análisis detallado del coste de la reconstrucción en comparación con el coste de sustitución. Habitualmente, si el coste de la reconstrucción supera el 50% del precio de compra de un equipo nuevo, se rechaza la opción de reconstrucción, ya que la adquisición de una máquina nueva resulta ser más ventajosa. A la hora de calcular el coste de reconstrucción de máquinas se debe tener en cuenta:

- Coste de la mano de obra, que vendrá dado en función de la complejidad de la reconstrucción.
- Coste de recambios y materiales, para lo que podremos utilizar los ficheros históricos de mantenimiento de la máquina ya que varias de las piezas de reconstrucción habrán sido objeto de sustitución por mantenimiento.
- Coste extra por pérdidas de producción durante la reconstrucción.
- Costes generales y partidas extradordinarias por un gasto de recursos como agua o energía mayores de lo habitual.

La reconstrucción de la máquina debe planificarse en función del historial de mantenimiento, considerando las particularidades del equipo. A corto plazo, la reconstrucción de la máquina ofrece ventajas, ya que el coste de mantenimiento del primer año en una máquina reconstruida suele ser menor que en una máquina nueva. Esto se debe a las modificaciones realizadas durante el proceso de reconstrucción, orientadas a reducir las averías recurrentes previamente identificadas y a minimizar los fallos típicos de las máquinas nuevas, conocidos como mortalidad infantil.

Todos los documentos relacionados con la planificación y seguimiento de la reconstrucción de la máquina deben integrarse en el expediente del equipo, junto con manuales, planos y otra documentación técnica relevante. Esta práctica resulta fundamental, ya que, en algunos casos, una máquina puede seguir operando el tiempo suficiente como para justificar una segunda reconstrucción. En tales casos, la información y el trabajo realizado durante la primera reconstrucción servirán como guía para las acciones posteriores.

11.5.3 Vida Económica de la Máquina

La vida económica de una máquina se define como el período en el que los costes totales se equilibran con los beneficios derivados de su uso. Este concepto está determinado por diversos factores, como la calidad de los equipos, las estrategias de mantenimiento implementadas y las condiciones del entorno operativo. Determinar correctamente la vida económica de la máquina es crucial para tomar decisiones informadas sobre la renovación de los equipos, ya que permite identificar el momento óptimo en el que resulta más rentable invertir en un nuevo equipo en lugar de continuar con el mantenimiento del actual.

Los costes derivados del capital y de la operación tienen una influencia fundamental en la vida útil de los equipos e instalaciones industriales. Una gestión adecuada de estos costes, a través de la implementación de planes de adquisición, estrategias de mantenimiento eficientes y la optimización de recursos, puede prolongar la vida útil de los activos y mejorar la rentabilidad de la instalación. A continuación, se detallan los aspectos clave de los gastos de capital y operativos:

- Gasto de capital (CAPEX): Es un gasto que una empresa realiza al adquirir nuevos activos o al mejorar los activos existentes con el objetivo de generar beneficios futuros en un horizonte temporal de varios años. El CAPEX puede financiarse de forma interna o externa.

- Gasto operativo (OPEX): Corresponde a los gastos necesarios para el funcionamiento diario de la empresa. Incluye elementos como salarios, servicios públicos y otros costes requeridos para producir bienes u ofrecer servicios. También abarca la depreciación de plantas y maquinaria utilizadas en el proceso productivo. Por tanto, el OPEX representa los gastos indispensables para el mantenimiento de los activos de capital.

Con el objetivo de facilitar la estimación del momento adecuado para plantear el reemplazo o la reconstrucción de una máquina, se establece una clasificación de los fallos más comunes de una instalación:

- Fallo por deterioro: El final de vida de estos equipos se debe al envejecimiento por el uso. El mantenimiento correctivo no se contempla para estos elementos, aunque sí se realizan tareas generales como limpieza. La vida útil de estos equipos suele ser conocida gracias a datos estadísticos. Este grupo incluye elementos como bombillas, herramientas de corte, etc.

- Fallo por envejecimiento: Muy similares al grupo anterior, en este caso la naturaleza del equipo permite la aplicación de mantenimiento. El problema surge cuando la tasa de fallos comienza a aumentar, lo que incrementa los costes de operación y mantenimiento. Debido a que la obsolescencia de estos equipos es mínima, se reemplazan por otros similares. Ejemplos de estos equipos son las bombas o los ventiladores.

- Fallo por obsolescencia: El período de vida de estas máquinas no está tan relacionado con fallos derivados del envejecimiento, sino con una pérdida de sus características en comparación con tecnologías más modernas. Equipos electrónicos y procesos químicos entran en esta categoría.

- Fallo por deterioro y obsolescencia: En algunos equipos pueden darse ambas causas al mismo tiempo. En este caso, se observa una disminución en la eficiencia del equipo, lo que se traduce en un aumento del consumo, un incremento de la tasa de fallos y mayores gastos generales en comparación con el estado inicial de la máquina. Además, al compararse con equipos más modernos, su rendimiento también será inferior. Equipos como cintas transportadoras y máquinas-herramienta suelen sufrir este tipo de condición.

11.6 Control del Coste Integral del Mantenimiento

Los responsables del Departamento de Mantenimiento tienen la obligación de controlar la evolución de los costes, siendo esencial que conozcan la proporción de los distintos tipos de costes asociados a cada máquina de la instalación. Al presentar indicadores de rendimiento del Departamento a sus superiores, una métrica relevante es ofrecer una perspectiva del coste de mantenimiento de cada máquina en relación con el número de acciones de mantenimiento efectuadas sobre ella. Otro indicador, sencillo pero útil para evaluar el estado funcional de la máquina, es el porcentaje del coste integral dedicado a acciones de mantenimiento correctivo. Asimismo, esta distribución de costes, combinada con el valor de compra de cada máquina, constituye la base para calcular el coste total asociado a cada equipo a lo largo de todo su ciclo de vida productivo.

Los resultados de este control de costes son de gran utilidad como indicadores para la planificación estratégica del Departamento de Mantenimiento en los años futuros. La proporción de costes destinados a mantenimientos correctivo y preventivo permite evaluar si la estrategia seguida es adecuada o si sería necesario incrementar las acciones preventivas. Además, este análisis posibilita identificar el coste asociado al fallo de cada máquina y su impacto en la instalación. Si el coste de fallo de una máquina resulta elevado, se pueden implementar acciones correctivas, como intensificar las tareas de mantenimiento preventivo, optimizar la gestión de repuestos o aplicar técnicas de estandarización para reducir los tiempos de reparación. Todas estas medidas están orientadas a optimizar el coste integral de mantenimiento de la instalación, garantizando al mismo tiempo la productividad.

Conocer los costes integrales del mantenimiento y el porcentaje asignado a cada tarea es fundamental para determinar el nivel óptimo de mantenimiento preventivo que se debe aplicar a cada máquina. Este análisis puede representarse gráficamente, donde se compararía el coste integral de mantenimiento de una máquina con la proporción de mantenimientos correctivo y preventivo realizados.

Este mismo enfoque, aplicado a una máquina individual, puede extenderse para evaluar si las proporciones entre los diferentes tipos de mantenimiento están adecuadamente ajustadas en el conjunto de la instalación. A nivel global, el resultado del diagrama esperado dependerá del tipo de industria. En sectores como la industria pesada (refinerías, siderúrgicas, papeleras, cementeras y similares), es deseable que el punto de coste óptimo se sitúe inclinado hacia un mayor porcentaje de mantenimiento preventivo, dado que el coste asociado a una parada en estas instalaciones es considerablemente elevado. Por el contrario, en fábricas de bienes de equipo o de piezas y componentes, el punto de coste óptimo puede encontrarse con un mayor porcentaje de mantenimiento correctivo.

11.7 Desviaciones del Presupuesto de Mantenimiento

El control de costes de la instalación durante los años anteriores genera un histórico que resulta fundamental para determinar el presupuesto necesario para las operaciones y el mantenimiento en años futuros. Una vez elaborado este presupuesto y finalizado el período de estudio, se podrán comparar las proyecciones con el gasto real, identificando posibles pérdidas o beneficios. Este análisis permitirá evaluar el desempeño de ese período en comparación con anteriores y determinar si la gestión de costes de mantenimiento ha mejorado o empeorado.

Aunque esta comparación es por sí misma relevante, debe contextualizarse, ya que existen factores que pueden influir en el coste de mantenimiento de la instalación y provocar desviaciones. Entre estos factores se incluyen el número de fallos imprevistos, la cantidad de mano de obra requerida para cada reparación y los precios unitarios de los repuestos. Particularmente en períodos de alta inflación, los precios pueden variar significativamente de un año a otro.

En este control de costes intervienen dos departamentos clave: Mantenimiento y Compras. El Departamento de Mantenimiento será responsable de la cantidad de repuestos utilizados, mientras que el Departamento de Compras se encargará de negociar y obtener los mejores precios posibles para estos. Por esta razón, en muchas empresas, los departamentos de compras establecen contratos de suministro, los cuales permiten garantizar precios determinados durante un período de uno o más años, o descuentos en función del volumen adquirido.

11.7.1 Determinación del Presupuesto de Mantenimiento

El Departamento de Mantenimiento deberá registrar todos los gastos incurridos a lo largo del período de estudio, generalmente correspondiente a un año natural, con el objetivo de elaborar el presupuesto para el siguiente período. Entre los gastos que deben ser reportados se incluyen:

- Gastos en personal directo e indirecto.
- Horas útiles del período.
- Horas extra previstas.
- Festivos no recuperables.
- Participación de personal indirecto común (por ejemplo, administrativos).
- Consumo de consumibles.

- Consumo de herramientas y equipos de seguridad y protección personal.

Además, con el propósito de evaluar la productividad del Departamento, es necesario presupuestar las horas-hombre requeridas, lo que permitirá determinar el coste horario del mismo.

La elaboración del presupuesto de un Departamento es un proceso complejo que requiere que la persona responsable mantenga una comunicación fluida tanto con los mandos superiores como con los técnicos. Esto es fundamental para, por un lado, alinearse con las políticas generales de la empresa y, por otro, comprender las dificultades específicas asociadas a la ejecución de las tareas de mantenimiento.

Asimismo, es importante consultar los datos estadísticos de años anteriores, que servirán como referencia para la preparación del nuevo presupuesto. En relación con las paradas de planta y los costes de fallo asociados, es indispensable contar con información detallada sobre las causas de dichas paradas. Al analizar los datos históricos, es posible identificar desviaciones ocasionadas por factores como accidentes, absentismo laboral o conflictos laborales, que rara vez se repiten de un año a otro.

11.8 Contabilidad y Gestión de Costes en el Mantenimiento

La contabilidad juega un papel tan importante en las empresas que a menudo es conocida como el lenguaje de los negocios. Esta desempeña tres funciones principales: identifica los hechos y transacciones que tienen un impacto económico en la empresa, los registra, clasifica y sintetiza, y comunica esta información a las partes interesadas.

Cuando la información contable se genera con fines internos, se denomina contabilidad de gestión. Esta es utilizada por la empresa para tomar decisiones económicas que permitan administrar la empresa de manera eficiente. Por el contrario, cuando la información contable se emplea para divulgar el desempeño económico de la empresa a terceros, se denomina contabilidad financiera. En esencia, la contabilidad financiera consiste en obtener, a partir de los registros contables de la empresa, toda la información financiera resumida en un informe anual, el cual se publica y se pone a disposición de agentes externos.

Los directivos de la empresa son responsables de elaborar el informe anual, un documento que incluye las cuentas anuales, notas explicativas y un análisis detallado de los resultados. Este informe, que se presenta de manera periódica ante la Administración, permite a terceros evaluar el rendimiento y la gestión de la empresa. Sin embargo, los directivos se enfrentan a incentivos contrapuestos, ya que son quienes elaboran el informe que será utilizado para evaluar su desempeño. Para mitigar este conflicto de intereses, las cuentas anuales contenidas en el informe son verificadas por una parte independiente, el auditor. Este profesional revisa las cuentas y elabora un informe de auditoría, en el que expresa su opinión sobre si las cuentas anuales cumplen con la legislación vigente y reflejan una imagen fiel de la situación financiera de la empresa. Este informe de auditoría forma parte del informe anual. Para facilitar el trabajo del auditor externo, la empresa puede contar con auditores internos, quienes contribuyen a la verificación y el control de la información contable dentro de la organización.

Los usuarios de la contabilidad financiera son:

a) Inversores: Quienes ya invierten en la empresa hacen uso de la contabilidad financiera para evaluar el rendimiento de ésta, mientras que quienes consideran invertir en ella en un futuro la utilizan para decidir si finalmente lo harán o no.

b) Acreedores: Bancos, proveedores, etc. Todos aquellos que prestan bienes o dinero hacen uso de la contabilidad financiera para decidir si conceder un préstamo a la empresa o para evaluar las posibilidades de recuperarlo en caso de que se conceda.

c) Agencias gubernamentales: Autoridades tributarias, instituciones reguladoras y demás.

d) Empleados: Los sindicatos hacen uso de la contabilidad financiera a la hora de llevar a cabo negociaciones colectivas sobre los salarios, los beneficios sociales y las condiciones de trabajo de sus miembros.

e) Grupos de interés público: Ecologistas, grupos que promueven la responsabilidad social corporativa, etc. también hacen uso de la contabilidad financiera para evaluar las políticas de la empresa.

11.8.1 Precio y Estructura de Costes

El precio constituye la representación del valor de un producto o servicio y es un elemento central en la estrategia empresarial. Este valor depende de factores como la calidad percibida, la imagen de marca y otros atributos relacionados. Sin embargo, para establecer precios adecuados, es fundamental analizar la estructura de costes, ya que fijar el precio del producto por debajo de estos conduciría a pérdidas económicas. Además, resulta imprescindible considerar el comportamiento de los competidores y cumplir con la legislación vigente.

Un aspecto esencial a tener en cuenta es el coste del producto o servicio, que habitualmente define el límite mínimo del precio. Para determinarlo, se requiere un análisis detallado de la estructura y dinámica de los costes, los cuales se clasifican en:

- Costes fijos: Permanecen constantes, independientemente del nivel de actividad de la empresa.

- Costes semifijos: Se mantienen estables dentro de determinados intervalos de actividad, pero aumentan al superarse dichos límites. Un ejemplo es el régimen de comercio de derechos de emisión de CO_2 de la Unión Europea.

- Costes variables: Varían directamente en función del nivel de actividad. Por ejemplo, materias primas o combustibles.

- Costes semivariables: Combinan un componente fijo y otro variable, como ocurre con el coste de la energía eléctrica, que incluye una tarifa fija por kilovatio instalado y un cargo variable según el consumo.

La relación entre costes fijos y variables tiene un impacto significativo en las decisiones estratégicas de la empresa y su política de precios. En este contexto, el margen de contribución unitario, definido como la diferencia entre el precio de venta y el coste variable, adquiere una importancia clave. El beneficio empresarial se calcula como la diferencia entre el margen de contribución total y los costes fijos.

El punto de equilibrio representa el nivel de actividad en el cual los ingresos igualan los costes totales, resultando en un beneficio nulo. Este concepto guía las estrategias empresariales según la estructura de costes, que puede presentar dos configuraciones principales:

- Costes fijos elevados: En estos casos, el punto de equilibrio se sitúa en un nivel alto. La política de precios debe enfocarse en alcanzar un volumen de actividad suficiente para generar un margen de contribución razonable, siendo la gestión de los costes fijos un factor determinante.

- Costes fijos reducidos: En este escenario, los costes variables tienen mayor peso relativo. Muchas empresas optan por subcontratar operaciones para transformar parte de sus costes fijos en variables, lo que aporta flexibilidad y facilita la adaptación a cambios.

11.9 Análisis de Debilidades, Amenazas, Fortalezas y Oportunidades

El análisis de Debilidades, Amenazas, Fortalezas y Oportunidades, conocido comúnmente como DAFO, es una herramienta estratégica ampliamente utilizada en la toma de decisiones dentro de diversas organizaciones, incluyendo el Departamento de Mantenimiento. Este análisis examina tanto el entorno externo como las condiciones internas, permitiendo obtener una representación gráfica de cuatro dimensiones:

- Debilidades: Aspectos internos que limitan la capacidad de desarrollo del Departamento de Mantenimiento.
- Amenazas: Factores externos que pueden obstaculizar la ejecución de la estrategia de mantenimiento o poner en riesgo su viabilidad.
- Oportunidades: Condiciones ajenas al mantenimiento que favorecen su evolución o brindan la posibilidad de implementar mejoras.
- Fortalezas: Recursos internos, ventajas competitivas y posiciones de poder que constituyen las capacidades distintivas del Departamento de Mantenimiento.

El análisis DAFO se representa mediante una matriz 2x2, en la que se enumeran todos los factores relevantes que contribuyen a las dimensiones antes mencionadas. La Figura 31 muestra un ejemplo de matriz DAFO:

Análisis Interno	**Análisis Externo**
Fortalezas	Oportunidades
Debilidades	Amenazas

Figura 31 – Ejemplo de matriz DAFO.

Capítulo 12
Ciclo de Vida del Equipo

El mantenimiento industrial ha evolucionado significativamente en los últimos años hacia lo que se conoce como Gestión de Activos Físicos. Este concepto trasciende la mera optimización de los costes de mantenimiento en horizontes cortoplacistas, como el presupuesto anual, para enfocarse en la gestión estratégica del coste total a lo largo del ciclo de vida completo del equipo.

El análisis y la comprensión del Coste del Ciclo de Vida (*Life Cycle Cost*, LCC) y del Análisis del Ciclo de Vida (*Life Cycle Assessment*, LCA) son esenciales para identificar las necesidades de mantenimiento y determinar las acciones más adecuadas para garantizar la sostenibilidad operativa de los equipos. Estas metodologías permiten evaluar, respectivamente, los impactos económico y ambiental globales de los activos, considerando todas las etapas de su ciclo de vida, desde el diseño y fabricación hasta la operación, el mantenimiento y la disposición final.

Ambas actividades se integran dentro del concepto de Apoyo al Ciclo de Vida (*Life Cycle Support*), que comprende un conjunto de procesos y actividades de gestión, logística e ingeniería. Este enfoque tiene como objetivo garantizar que las máquinas y sus elementos funcionen de manera fiable y eficiente en el momento y lugar requeridos, además de asegurar la actualización y el mantenimiento de sus capacidades a lo largo de su vida útil.

Los principios del LCC y del LCA son especialmente relevantes en la planificación del mantenimiento industrial, ya que contribuyen a optimizar tanto el desempeño económico como el impacto ambiental de los activos industriales.

12.1 Coste del Ciclo de Vida

El término coste del ciclo de vida apareció por primera vez en 1965 en el documento titulado *Life Cycle Costing in Equipment Procurement*, preparado por el Instituto de Gestión Logística para el Departamento de Defensa de los Estados Unidos. El manual número 135 del *National Institute of Standards and Technology* (NIST), en su edición de 2020, define el Coste del Ciclo de Vida (*Life Cycle Cost*, LCC) como *el coste total, en dólares descontados, de poseer, operar, mantener y desechar un sistema* durante un período de tiempo. El Análisis del Coste del Ciclo de Vida (*Life Cycle Cost Analysis*, LCCA) es una técnica de evaluación económica que determina el coste total de poseer y operar una instalación a lo largo de un período de tiempo, teniendo en cuenta la fluctuación de los costes debido a fenónemos como la inflación. Las ventajas de utilizar la herramienta LCC y el análisis LCCA son:

- Comparación del coste de equipos competidores, que ofrecen un mismo servicio.
- Toma de decisiones relacionadas con el reemplazo de equipos.
- Selección entre contratistas externos.
- Utilidad para llevar a cabo la planificación y presupuestación.

Algunas de las desventajas del coste del ciclo de vida son que es un proceso que consume tiempo, es costoso y resulta difícil recopilar los datos necesarios.

El LCC tiene un gran interés para la gestión de la instalación y, por ende, para el Departamento de Mantenimiento, ya que su principal función es determinar el período óptimo de reemplazo de la instalación. Asimismo, el LCC resulta una herramienta útil en la toma de decisiones relacionadas con grandes reparaciones o el reemplazo de equipos, dado que los costes de operación y mantenimiento de un producto constituyen un elemento fundamental de su coste total en el ciclo de vida.

Una de las principales ventajas del LCC para el Departamento de Mantenimiento es que la parte del LCC relacionada con el mantenimiento se basa exclusivamente en datos tales como el coste integral, las amortizaciones y las horas de funcionamiento de los equipos. A modo de simplificación, el LCC analiza la variación del coste horario de mantenimiento en función de las horas de servicio acumuladas, ya que el coste por hora de mantenimiento tiende a incrementarse debido al envejecimiento de la máquina. Tal y como se observa en la Figura 32, al evaluar el LCC a lo largo de toda la vida útil del activo, el valor residual de la máquina, que también varía con la edad, contribuye a reducir los costes totales acumulados.

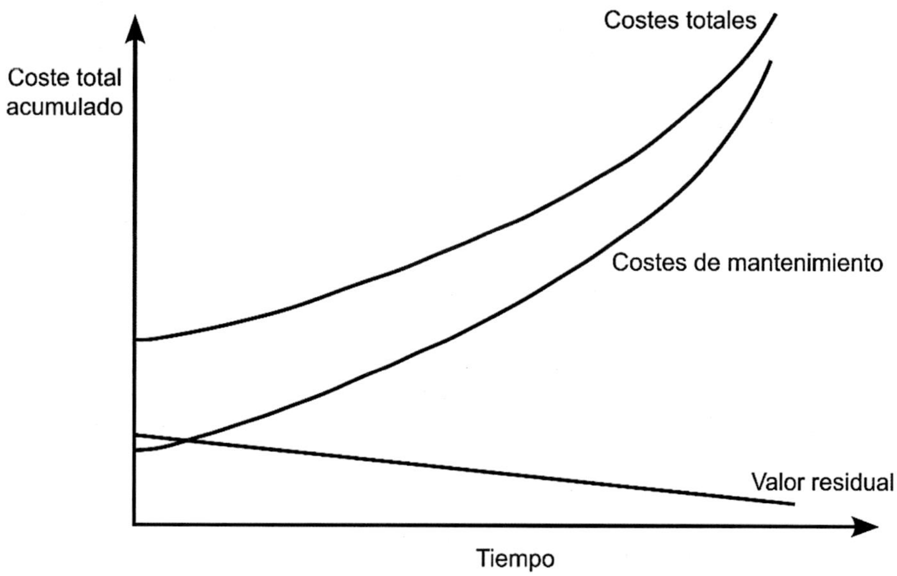

Figura 32 – Contribución de los costes de mantenimiento y el valor residual a los costes totales de la máquina.

En la Figura 32 puede observarse que, al inicio de la vida útil del equipo, este presenta un valor residual relativamente alto, lo que, combinado con una baja tasa de fallos, da lugar a unos costes totales reducidos. Con el transcurso del tiempo, el valor residual de la máquina disminuye e incluso puede acabar siendo negativo, lo que provoca un incremento en el LCC, así como un aumento en los costes de mantenimiento, debido a factores como el incremento de la tasa de fallos, la dificultad para encontrar repuestos que ya no se fabrican o las paradas no programadas.

En una instalación industrial, el coste del ciclo de vida está estrechamente vinculado al mantenimiento adecuado de máquinas y equipos. Este mantenimiento se define como la ejecución de aquellas tareas necesarias para conservar el buen estado de los equipos al menor coste posible. El proceso de Mantenimiento Centrado en la Fiabilidad (*Reliability-Centered Maintenance*, RCM) permite determinar la cantidad mínima segura de tareas requeridas para garantizar un mantenimiento eficaz, con especial énfasis en los equipos considerados críticos.

La realización de estudios de fiabilidad es fundamental para identificar qué componentes de la instalación podrían fallar, cómo y con qué frecuencia podrían hacerlo, así como para evaluar la trascendencia de dichos fallos en el funcionamiento global de la instalación y en la seguridad del personal. Los modos de fallo se identifican mediante análisis como el análisis modal de fallos, efectos y criticidad (*Failure Mode, Effects, and Criticality Analysis*, FMECA) o el análisis de árbol de fallos (*Fault Tree Analysis*, FTA).

Una vez identificadas las tareas de mantenimiento necesarias mediante el RCM, se llevan a cabo dos análisis complementarios para completar el proceso. En primer lugar, el Análisis de Nivel de Reparabilidad (*Level of Repair Analysis*, LORA) constituye una metodología analítica utilizada para determinar si un elemento debe ser reemplazado o reparado, considerando factores como el coste, los requisitos de disponibilidad operativa y el número total estimado de reemplazos a lo largo del ciclo de vida esperado. Este análisis permite definir el tipo de mantenimiento más adecuado para cada equipo o componente, integrando una evaluación tanto técnica como económica. Los resultados del análisis LORA pueden confirmar el concepto de mantenimiento inicialmente planteado o, en caso contrario, requerir modificaciones en dicho planteamiento. La implementación del LORA resulta fundamental para planificar y comprender los requisitos de mantenimiento desde las etapas iniciales del diseño, garantizando una gestión eficiente del ciclo de vida del sistema. En segundo lugar, el Análisis de Tareas de Mantenimiento (*Maintenance Task Analysis*, MTA) detalla cada tarea, especificando los tiempos requeridos, los repuestos y consumibles necesarios, las herramientas requeridas y el nivel de cualificación del personal encargado. Al analizar cada tarea, junto con la frecuencia asociada a cada una, el Departamento de Mantenimiento puede estimar con precisión la mantenibilidad del sistema.

12.1.1 Estimación del Coste del Ciclo de Vida

El cálculo del LCC desde el punto de vista del propietario del activo se basa en dos conceptos fundamentales. En primer lugar, un componente temporal, que corresponde al período de estudio, definido como el intervalo de tiempo durante el cual se evalúan los gastos de propiedad y operación de la máquina. Este período suele oscilar entre veinte y cuarenta años, dependiendo de las preferencias del propietario, la calidad del mantenimiento aplicado y la vida útil esperada de la instalación.

En segundo lugar, se encuentra la fase económica, que incluye dos categorías principales de costes: gastos iniciales, que abarcan todos los costes incurridos antes de la instalación de la máquina, y gastos futuros, que comprenden todos los costes incurridos después de la instalación.

Adicionalmente, se considera el valor residual del activo, definido como el valor neto de una máquina al término del período de estudio. A diferencia de otros costes futuros, el valor residual puede ser positivo o negativo, representando un coste o un valor. Un valor residual negativo indica que la máquina conserva un valor asociado. Por el contrario, un valor residual positivo señala la existencia de costes asociados a la disposición de la máquina al final del período de estudio; por ejemplo, los costes derivados de la eliminación segura de materiales peligrosos. Un valor residual de cero indica la ausencia de valor o coste asociado a la máquina al término del período de estudio.

El primer paso para estimar el LCC de una máquina o equipo es determinar la vida útil del producto y los costes de concepción y definición de la máquina o proceso que se desea adquirir. Seguidamente se deben estimar los costes asociados con la operación y mantenimiento, en tercer lugar, se estima el valor residual de la máquina una vez no sea útil para la instalación. En términos generales, el LCC de un equipo vendrá dado por la Ecuación 34:

$$LCC_{maq} = CPC + DPC + APC + OPC \tag{34}$$

Donde:

- LCC_{maq}: Coste del ciclo de vida de la máquina.
- CPC: Coste de la fase de concepción de la máquina.
- DPC: Coste de la fase de definición de la máquina.
- APC: Coste de adquisición.
- OPC: Coste de la fase operacional.

Los costes de concepción y definición de la máquina son menores en comparación con los costes de adquisición y operación, y responden principalmente a los costes asociados al esfuerzo laboral.

El coste de adquisición se puede desglosar en, Ecuación 35:

$$APC = CPM + CPA + CPS + CSE \tag{35}$$

Donde:

- CPM: Coste de la gestión.
- CPA: Coste de adquisición del personal.
- CPS: Coste del equipo principal.
- CSE: Coste del equipo auxiliar.

Y el coste de la fase operacional se define como, Ecuación 36:

$$OPC = OAE + FOE + MC \quad (36)$$

Donde:

- OAE: Gastos administrativos.
- FOE: Gastos de funcionamiento.
- MC: Gastos de mantenimiento.

Dentro del concepto de gastos de mantenimiento se engloban costes por:

- Reparaciones y repuestos.
- Instalaciones para el mantenimiento.
- Personal de mantenimiento.
- Consumibles para el mantenimiento.
- Personal externo dedicado a mantenimiento.
- Parada de equipos.

El tercer pilar del LCC está relacionado con la tasa de descuento, que se define como la tasa de interés que haría que un inversor sea indiferente entre recibir un pago en el presente o un pago mayor en el futuro. Dentro de la tasa de descuento se distingue entre:

- Tasa de descuento real, que excluye la inflación.
- Tasa de descuento nominal, que incluye la inflación.

Esto no implica que las tasas de descuento reales ignoren la inflación; más bien, su uso elimina la complejidad de contabilizar la inflación dentro de la ecuación del valor presente. Con estos conceptos se calcula el valor presente, definido como *el valor equivalente en tiempo de flujos de efectivo pasados, presentes o futuros al inicio del año base*. Este cálculo utiliza la tasa de descuento y el momento en que se incurrió o se incurrirá en un coste para establecer su valor presente en el año base del período de estudio.

Dado que la mayoría de los gastos iniciales ocurren aproximadamente al mismo tiempo, se consideran en el año base del período de estudio. Por lo tanto, no es necesario calcular el valor presente de estos gastos iniciales, ya que su valor presente es igual a su coste real.

La determinación del valor presente de los costes futuros depende del tiempo. Este período corresponde a la diferencia entre el momento en que ocurren los costes iniciales y el momento en que se producen los costes futuros. Los costes iniciales se incurren al comienzo del período de estudio, mientras que los costes futuros pueden ocurrir en cualquier momento entre el primer y el último año de vida. El cálculo del valor presente actúa como un factor de ajuste que permite sumar los costes iniciales y futuros.

Además del tiempo, la tasa de descuento también influye en el valor presente de los costes futuros. Dado que la tasa de descuento real tiene un valor positivo, los costes futuros tendrán un valor presente menor que su coste en el momento en que se incurran.

Para simplificar el análisis LCC, todos los costes recurrentes se expresan como gastos anuales incurridos al final de cada año, mientras que los costes únicos se consideran al final del año en el que ocurren. Para determinar el valor presente de los costes únicos futuros, se utiliza la siguiente Ecuación 37:

$$PV_{único} = A_t * \frac{1}{(1+d)^t} \tag{37}$$

Donde:

- $PV_{único}$: Valor presente del coste único.
- A_t: Valor del coste único.
- d: Tasa de descuento real.
- t: Tiempo, expresado en años.

En el caso de querer determinar el valor presente de un coste recurrente se utilizará la Ecuación 38:

$$PV_{recurrente} = A_0 * \frac{(1+d)^t - 1}{d * (1+d)^t} \tag{38}$$

Donde A_0 es el valor del coste recurrente.

El conjunto de normas UNE-EN 60300 establece directrices que abarcan la fiabilidad, mantenibilidad y seguridad de los productos. Según la norma UNE-EN 60300-3-3 - *Gestión de la confiabilidad. Parte 3-3: Guía de aplicación. Cálculo del coste del ciclo de vida*, el análisis LCC puede ser aplicado para:

- Evaluar y comparar diseños alternativos.
- Valorar la viabilidad económica de proyectos y equipos.
- Identificar los factores determinantes de costes.
- Evaluar y comparar estrategias alternativas para el uso, operación, prueba, inspección, mantenimiento, etc., del equipo.
- Evaluar y comparar enfoques diferentes para el reemplazo, rehabilitación y extensión de la vida útil de instalaciones envejecidas.
- La planificación financiera a largo plazo.

12.2 Gestión de la Fiabilidad y Mantenibilidad en el Ciclo de Vida del Equipo

Para lograr el nivel deseado de fiabilidad en una máquina dentro de la instalación, es imprescindible realizar una serie de tareas de gestión vinculadas a la fiabilidad y mantenibilidad a lo largo de todo el ciclo de vida del activo. Este ciclo se puede dividir en cuatro fases: conceptualización y diseño, adquisición, operación y mantenimiento, y desecho. A continuación, se describen las tareas de gestión correspondientes a cada una de estas etapas.

12.2.1 Conceptualización y Diseño

Esta constituye la primera fase del ciclo de vida del sistema, en la cual se establecen los requisitos del equipo y se definen sus características fundamentales. Durante esta etapa se llevan a cabo diversas tareas de gestión relacionadas con la fiabilidad y el mantenimiento. Entre estas tareas se incluyen:

- La definición de los requisitos de capacidad del sistema.
- La formulación de los objetivos de fiabilidad y mantenibilidad de la máquina en términos cuantitativos.
- La identificación de los factores ambientales que influirán en el sistema a lo largo de su ciclo de vida.

- La especificación de las restricciones que se han demostrado perjudiciales para la fiabilidad.
- La determinación de las necesidades de recopilación y análisis de datos durante el ciclo de vida del sistema.
- La definición de los controles de gestión necesarios para la adecuada documentación.
- La determinación de la combinación óptima de máquinas, instalaciones, mano de obra y herramientas necesarias para producir el diseño y sus componentes conforme a las especificaciones establecidas.
- La definición de los requisitos de seguridad del sistema.
- La elaboración de la filosofía básica de mantenimiento.

12.2.2 Adquisición

Esta fase abarca las actividades relacionadas con la adquisición e instalación de la máquina, así como la planificación de su mantenimiento. Algunas de las tareas de gestión vinculadas a la fiabilidad y el mantenimiento incluyen:

- Definir los requisitos técnicos específicos del sistema.
- Establecer todos los requisitos de fiabilidad y mantenibilidad que deben cumplirse.
- Determinar la documentación requerida como parte del producto final.
- Especificar los métodos de evaluación que se emplearán para verificar el correcto funcionamiento de la máquina.
- Identificar el tipo de inspecciones necesarias.
- Definir los datos que el fabricante debe proporcionar al cliente, tanto aquellos exigidos por la normativa legal como otros adicionales que sean relevantes.
- Precisar el significado de degradación o fallo de la máquina.

- Establecer las necesidades logísticas durante la adquisición inicial y el período de servicio de la máquina.

12.2.3 Operación y Mantenimiento

Esta fase se centra en las tareas relacionadas con las actividades de mantenimiento, la gestión de la ingeniería y el soporte integral del sistema a lo largo de toda su vida operativa. Estas tareas son:

- Recopilar, monitorizar y analizar datos relacionados con la fiabilidad y mantenibilidad.
- Gestionar y prever las necesidades de repuestos.
- Establecer bancos de datos de fallos.
- Proveer herramientas de mantenimiento y equipos de prueba adecuados.
- Preparar documentos de ingeniería y mantenimiento.
- Revisar la documentación en relación con cualquier cambio de ingeniería.
- Desarrollar propuestas de cambios de ingeniería.
- Asegurar la disponibilidad de personal adecuado.
- Desarrollar el soporte de mantenimiento para los distintos niveles de mantenimiento.

12.2.4 Disposición

Esta fase se centra en las tareas necesarias para retirar el sistema y todo el material de soporte asociado. Entre las tareas de gestión relacionadas con la fiabilidad y la mantenibilidad en esta etapa se incluyen el cálculo del coste final del ciclo de vida del sistema y la determinación de los valores de fiabilidad y mantenibilidad.

El coste resultante del ciclo de vida considera tanto los gastos asociados a la acción de desecho como los posibles ingresos derivados del valor residual de la máquina. Los valores de fiabilidad y mantenibilidad se calculan tanto para el comprador del sistema usado como para su aplicación en la adquisición de sistemas similares. La Figura 33 presenta una estimación de como los distintos factores del ciclo de vida de una máquina afectan a su coste.

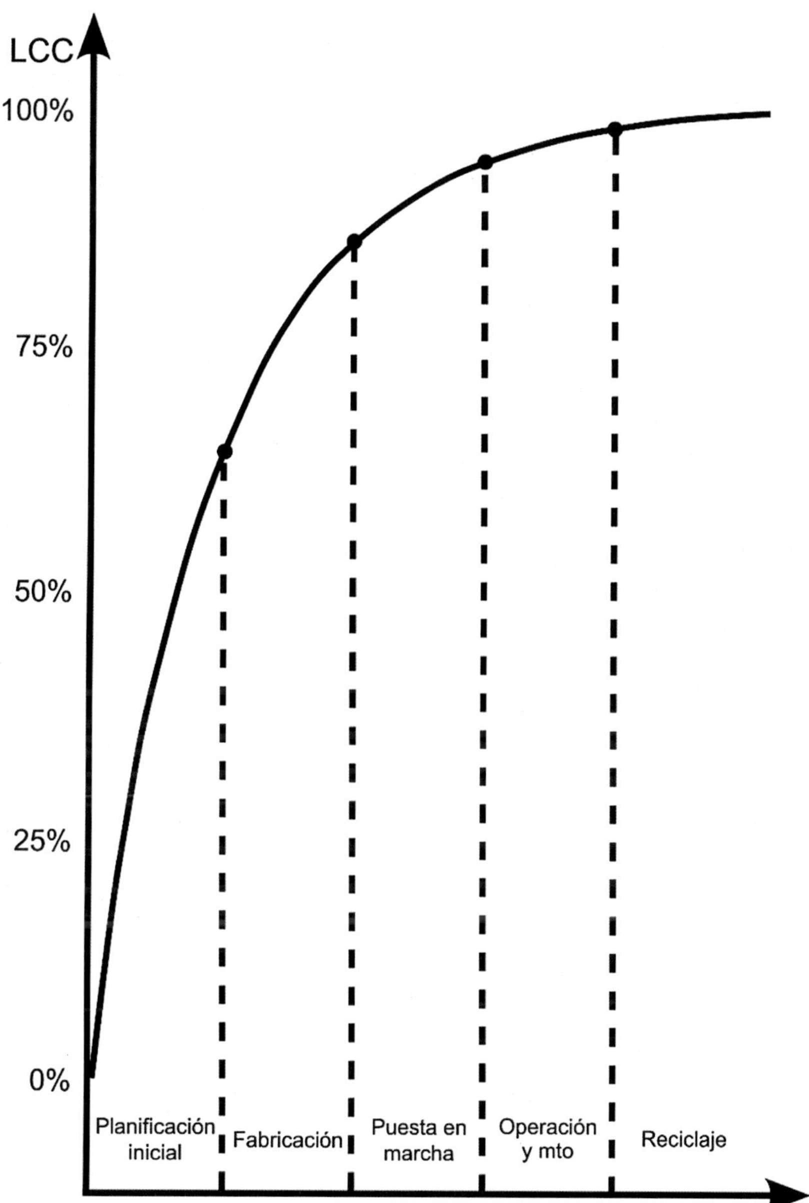

Figura 33 – Factores que influencian el coste del ciclo de vida de una máquina.

12.3 Mantenibilidad en el Ciclo de Vida

En la fase de operación de la máquina, un programa de mantenibilidad efectivo incorpora el contacto entre el fabricante y el usuario. En esta fase, se llevan a cabo diversas tareas de gestión de la mantenibilidad asociadas, tales como:

- Evaluar todas las propuestas de reforma y su impacto en la mantenibilidad.
- Participar en el control de errores, variaciones de proceso y otros problemas que puedan afectar a la mantenibilidad.

Asegurar la erradicación de todas las deficiencias que puedan degradar la mantenibilidad.

12.4 Análisis del Ciclo de Vida

El Análisis del Ciclo de Vida (*Life Cycle Analysis*, LCA) constituye una metodología fundamental para evaluar el impacto ambiental asociado a cada etapa de la vida útil de un equipo industrial, desde la extracción de materias primas hasta su disposición final. Este enfoque permite identificar y cuantificar de manera rigurosa el consumo de recursos, las emisiones generadas y los desechos producidos en cada fase del ciclo de vida. En el ámbito del mantenimiento industrial, el LCA se emplea como herramienta para optimizar tanto la operación como el mantenimiento de los equipos, garantizando su funcionalidad mientras se minimiza su impacto ambiental.

Además, el LCA resulta clave para analizar la viabilidad ambiental de reparar componentes en comparación con su reemplazo, fomentando así prácticas de economía circular y reduciendo la generación innecesaria de residuos. Este análisis integral permite diseñar estrategias sostenibles que prolonguen la vida útil de los equipos y reduzcan su huella ecológica, promoviendo un uso más eficiente de los recursos.

Desde una perspectiva estratégica, el LCA no solo favorece la sostenibilidad ambiental, sino que también contribuye a la eficiencia económica. Su implementación facilita la anticipación de costes asociados al consumo energético y al tratamiento de residuos, permitiendo a las organizaciones tomar decisiones informadas que integren criterios de sostenibilidad y rentabilidad en sus operaciones. Las normas UNE-EN ISO 14040 - *Gestión ambiental. Análisis del ciclo de vida. Principios y marco de referencia* y UNE-EN ISO 14044 - *Gestión ambiental. Análisis del ciclo de vida. Requisitos y directrices* proporcionan el marco normativo para llevar a cabo el LCA.

12.4.1 Etapas del Análisis del Ciclo de Vida

Una de las primeras decisiones al realizar un análisis de ciclo de vida es determinar el alcance de este análisis. Aunque un LCA completo adopta la filosofía de inicio a fin (*from cradle to grave*), en ocasiones el Departamento de Mantenimiento carece de información sobre los procesos de extracción de materiales o fabricación. Si bien los fabricantes pueden proporcionar datos sobre estas etapas iniciales, lo cual resulta útil en el momento de seleccionar maquinaria, el Departamento de Mantenimiento, al no tener influencia directa sobre estas fases, puede preferir centrarse en las etapas de operación y disposición de los equipos. Añadido a esto, se debe puntualizar que, entre cada fase del ciclo de vida del equipo, se encuentran subetapas de transporte que deben ser consideradas para garantizar un cálculo preciso del impacto ambiental.

Una vez definido el alcance del LCA, el Departamento de Mantenimiento debe elaborar un inventario que contemple las entradas y salidas de energía, materiales y emisiones asociadas a cada etapa del proceso. Aunque lo ideal sería obtener y calcular estos valores directamente, esta posibilidad es poco común. Por ello, es habitual recurrir a bases de datos especializadas como Ecoinvent o la base promovida por la Comisión Europea, *The Product Environmental Footprint* (PEF).

Con los datos disponibles, la siguiente etapa del LCA consiste en calcular el impacto asociado a cada unidad funcional. La elección de la unidad funcional depende del tipo de análisis. Por ejemplo, en una fábrica de bebidas podría ser una lata de refresco, mientras que para un servicio como un ferry que conecta dos islas, podría estar basada en el tiempo, una hora de operación. El impacto económico suele expresarse en unidades monetarias conocidas, como dólares o euros, mientras que el impacto ambiental se mide en términos de CO_2 equivalente. Aunque existen diversas metodologías para interpretar los resultados del LCA, es común agruparlos en tres categorías principales, daños a la salud humana, efectos sobre la calidad de los ecosistemas y agotamiento de recursos.

Finalmente, los resultados deben ser evaluados para que puedan apoyar la toma de decisiones. En el caso de la adquisición de nueva maquinaria, el análisis permite seleccionar la opción más favorable. Para equipos en servicio, la evaluación ayuda a identificar los procesos críticos con mayores impactos económicos y/o ambientales, lo que facilita priorizar acciones de mejora.

Capítulo 13
Gestión de Repuestos

En el capítulo anterior, al analizar la mantenibilidad de los equipos, se destacó la importancia de una gestión adecuada de repuestos. Este aspecto es trascendental, no solo por el tiempo y los costes asociados a la adquisición de repuestos en caso de emergencia, sino también por las implicaciones de mantener un exceso de materiales inmovilizados, lo cual afecta negativamente al coste integral del mantenimiento de la instalación.

La falta de disponibilidad inmediata de los repuestos necesarios ante una avería puede derivar en adquisiciones urgentes, generalmente a un coste más elevado, y en un incremento del MTTR debido a los tiempos de espera para obtener el repuesto. Esto impacta directamente en la disponibilidad del equipo. Por este motivo, al elaborar el inventario de repuestos, es esencial evaluar el coste asociado a no disponer de un repuesto específico en caso de avería.

Por otro lado, mantener un almacén sobrecargado con repuestos, algunos de los cuales, como juntas o correas, susceptibles al deterioro con el tiempo, genera varios inconvenientes. Estos incluyen una significativa cantidad de capital inmovilizado que puede afectar la situación financiera de la empresa, así como el espacio requerido para su almacenamiento. Además, los repuestos degradados pueden no estar en condiciones adecuadas en el momento de su uso, lo que podría impedir su instalación o reducir significativamente su vida útil.

En este contexto, cobra relevancia el concepto de calidad de servicio o disponibilidad del repuesto, que mide el porcentaje de ocasiones en las que el repuesto está disponible de forma inmediata para su utilización.

13.1 Estadística de la Gestión de Repuestos

En lo que respecta a la estadística aplicada al mantenimiento, esta también resulta ser útil para la gestión de repuestos. Dado que el consumo de repuestos sigue una distribución aleatoria, se emplea la distribución de Poisson. Esta distribución expresa la probabilidad de que ocurran un número determinado de eventos en un intervalo de tiempo fijo, bajo la condición de que dichos eventos ocurren con una tasa media constante y de manera independiente al tiempo transcurrido desde el último evento.

La distribución de Poisson está relacionada con la distribución exponencial, ya que si x es una variable aleatoria exponencial, entonces $1/_x$ será una variable aleatoria distribuida según Poisson. Al igual que una distribución exponencial, la probabilidad por intervalo de tiempo es constante. La fórmula general de Poisson se expresa mediante la Ecuación 39:

$$f(x) = \frac{(\lambda * t)^x * e^{-\lambda * t}}{x!} \tag{39}$$

Donde:

- $f(x)$: Representa la probabilidad de que ocurran x eventos en el intervalo estudiado.
- λ: Es la tasa de fallos.
- t: Intervalo de tiempo estudiado.

Esta fórmula permite modelar la probabilidad de eventos como la demanda de repuestos, facilitando la planificación y gestión eficiente de los recursos en el mantenimiento.

Al acopiar repuestos, es posible evitar problemas de inventario mediante el uso del modelo de Wilson, también conocido como *Economic Order Quantity* (EOQ), para determinar la frecuencia y cantidad óptimas de los pedidos a los proveedores. Este modelo es de tipo determinista, presupone que la demanda y el tiempo de suministro son conocidos, y fue desarrollado por Ford W. Harris en 1913, aunque fue aplicado de manera extensiva por el consultor R. H. Wilson. El modelo de Wilson calcula la cantidad óptima de pedido utilizando la Ecuación 40:

$$Q = \sqrt{\frac{2 \cdot K \cdot D}{G}} \tag{40}$$

Donde:

- Q: Es la cantidad óptima de pedido.
- K: Corresponde al coste del pedido.
- D: Demanda anual del producto a pedir.
- G: Representa el coste de almacenamiento de una unidad por un período de tiempo determinado

El punto de pedido, es decir, el nivel de inventario en el cual debe efectuarse un nuevo pedido, está determinado por la demanda diaria de un producto específico, expresada en unidades, y el plazo de suministro. La demanda diaria puede ser inferior a la unidad si se utiliza una cantidad menor durante varios días o semanas.

Este modelo ofrece importantes ventajas, como la optimización de costes, la prevención del sobrestock y la evitación de roturas de inventario. No obstante, el uso del modelo de Wilson presenta ciertas limitaciones, ya que asume que los pedidos son siempre de igual tamaño, que la demanda es constante y que el tiempo de entrega de los repuestos por parte del proveedor permanece invariable.

13.2 Aprovisionamiento de Repuestos

El primer aspecto a considerar en la gestión de repuestos es el proceso de compra y la logística asociada. El Departamento de Compras de la empresa será el responsable de tramitar la adquisición del repuesto, pero debe mantener una comunicación constante con el Departamento de Mantenimiento, que será el encargado de determinar cuál es el repuesto necesario. Los responsables de mantenimiento deben supervisar las compras y asegurarse de que se seleccionen productos no solo con el menor precio unitario, sino con el menor coste por hora de funcionamiento de la máquina.

En segundo lugar, el Departamento de Mantenimiento debe conocer los plazos de adquisición de los repuestos para gestionar adecuadamente su inventario. La filosofía a seguir debe centrarse en obtener productos que cumplan con los estándares de calidad requeridos al menor coste posible. Esto está directamente relacionado con el número de pedidos urgentes realizados, ya que un mismo repuesto tendrá un precio diferente dependiendo de los plazos de entrega exigidos por el cliente. Una instalación con un elevado número de pedidos urgentes refleja, por lo general, una falta de planificación por parte del Departamento de Mantenimiento o una baja fiabilidad de las máquinas en operación.

Dentro del concepto de aprovisionamiento, no solo se debe considerar la compra, sino también la logística requerida para trasladar los repuestos desde los almacenes del fabricante hasta la instalación. Al negociar el precio de un repuesto, el coste asociado al transporte variará según la modalidad de envío elegida. Aunque su uso no es obligatorio, es común recurrir a los términos internacionales de comercio, *Incoterms*, cuando se adquieren repuestos en el extranjero:

- Ex Works (EXW): El proveedor pone las mercancías a disposición del comprador en sus instalaciones o en otro lugar convenido, sin asumir costes ni riesgos adicionales. El comprador asume todos los gastos y riesgos desde ese punto.

- Free Carrier (FCA): El proveedor entrega la mercancía al transportista designado por el comprador en un punto acordado, asumiendo los costes y riesgos hasta dicho lugar de entrega.

- Free Alongside Ship (FAS): El proveedor entrega la mercancía al costado del buque designado en el puerto de embarque convenido, cubriendo hasta ese momento los costes y riesgos.

- Free On Board (FOB): El proveedor asume los costes y riesgos hasta que la mercancía se encuentra a bordo del buque en el puerto convenido; a partir de ahí, son responsabilidad del comprador.

- Cost and Freight (CFR): El proveedor asume los costes de transporte hasta el puerto de destino acordado, pero el riesgo se transfiere al comprador una vez que la mercancía se carga a bordo.

- Cost, Insurance and Freight (CIF): Similar a CFR, pero el proveedor también contrata un seguro para cubrir los riesgos de transporte hasta el puerto de destino.

- Carriage Paid To (CPT): El proveedor paga el transporte hasta el lugar de destino acordado, pero el riesgo se transfiere al comprador cuando la mercancía se entrega al transportista.

- Delivered At Terminal (DAT): El proveedor entrega la mercancía descargada en la terminal acordada en el destino, asumiendo todos los costes y riesgos hasta ese punto.

- Delivered At Place (DAP): El proveedor asume los costes y riesgos hasta que la mercancía está disponible para el comprador en el lugar convenido, sin incluir la descarga.

- Delivered Duty Paid (DDP): El proveedor asume todos los costes, riesgos e impuestos hasta que la mercancía se entrega en el lugar acordado, lista para el uso del comprador.

Una vez recibidos los repuestos, el primer paso consiste en comprobar que la mercancía recibida concuerda con lo solicitado y se encuentra en buen estado. Realizar esta comprobación lo antes posible minimizará las pérdidas de tiempo en caso de tener que devolver productos erróneos o defectuosos.

Los nuevos repuestos deben incorporarse al inventario y almacenarse siguiendo las precauciones necesarias para garantizar su correcta conservación. Este aspecto resulta clave para evitar la pérdida de materiales por condiciones de almacenamiento inadecuadas.

13.2.1 Aprovisionamiento Automático

Además del aprovisionamiento clásico, realizado por solicitud directa, se ha popularizado el aprovisionamiento automático. En este sistema, la empresa establece un contrato de larga duración con el proveedor, quien suministra un lote determinado de productos con una periodicidad establecida. Las modalidades más comunes incluyen el suministro de un lote fijo en un período determinado o la variación de una de las dos variables, cantidad de productos o plazo de entrega.

La principal ventaja del aprovisionamiento automático es que evita la rotura de stock, es decir, garantiza que la instalación nunca quede sin repuestos, ya que los lotes se calculan en función del consumo máximo previsible.

No obstante, este sistema presenta la desventaja de posibles errores de cálculo, ya sea por una estimación conservadora del pedido o por una mejora en la fiabilidad de la instalación. Ambas situaciones pueden conducir a un exceso de stock, que deberá ser ajustado progresivamente.

13.3 Codificación e Inventario

Una vez adquiridos los repuestos, es importante almacenarlos de manera que se minimice el tiempo de búsqueda cuando se necesiten. Por ello, es fundamental llevar a cabo un buen inventario de los componentes almacenados, utilizando una codificación que permita identificar a qué máquina y conjunto pertenecen.

Existen dos filosofías para la codificación de repuestos: la descomposición estructural, que codifica la instalación por área, máquina, componente, entre otros, lo cual es un método sencillo. Por otro lado, la codificación por tipos de equipo resulta útil cuando hay máquinas duplicadas. En este caso, se codifica primero por tipo de máquina y luego un código particular para cada componente. En instalaciones de gran tamaño, como centrales eléctricas o buques, se emplea un sistema de codificación alemán denominado KKS (*Kraftwerk Kennzeichnen*

System), que combina ambos sistemas: la primera parte del código relaciona al equipo con el sistema al que pertenece y la segunda parte se refiere al tipo de máquina.

13.4 Repuestos Excepcionales

En la mayoría de las instalaciones, existen componentes cuya probabilidad de averiarse es baja, pero no presentan señales de desgaste y el coste de su avería es elevado, generalmente debido a la parada de la planta que conlleva. Estos factores hacen que el aprovisionamiento automático no sea adecuado, y los pedidos deban realizarse de manera puntual, siendo en muchos casos unitarios. Para este tipo de repuestos, se deberá determinar un nivel óptimo, obtenido a partir del cálculo de los gastos de posesión y los costes derivados de la rotura de stock durante un período de un año. Este nivel se calcula mediante las Ecuaciones 41, 42 y 43:

$$\frac{P * t}{C_R * C_A} \tag{41}$$

$$P_N = \frac{(C_A * L)^N}{N!} * e^{-C_A * L} \tag{42}$$

$$\frac{P_N}{\sum_0^N P_N} < \frac{P * t}{C_R * C_A} \tag{43}$$

Donde:

- P: Es el precio unitario del repuesto.
- t: Tasa anual de posesión del stock, habitualmente 20%.
- C_A: Representa el consumo anual previsto.
- C_R: Es el coste de fallo.
- L: Es el plazo de reaprovisionamiento, en años.
- N: Será el nivel disponible de repuestos.
- P_N: Probabilidad de que N sea el consumo durante el plazo de reaprovisionamiento L, calculado mediante Poisson.

El mayor número N que cumpla la desigualdad planteada en la Ecuación 44 será el número óptimo de repuestos a tener almacenados. En el caso de grandes máquinas se pueden trazar ábacos para la escala de valores resultantes de los diferentes valores que tome N.

13.4.1 Repuestos Excepcionales de Seguridad

En ciertas instalaciones existen equipos de gran coste que probablemente nunca sean necesarios, pero cuya disponibilidad podría ser interesante para las necesidades de producción. En estos casos, se utiliza la fórmula de decisión, Ecuación 44, para determinar si es conveniente adquirir dicho repuesto.

$$F(T) > \frac{P}{C_R} * \frac{(1+t)^T}{(1+i)^{T/2}} \qquad (44)$$

Donde:

- $F(T)$: Probabilidad de avería durante el período de tiempo T.
- P: Es el precio del repuesto.
- C_R: Indica el coste derivado del fallo del equipo.
- t: Se refiere a la tasa de posesión del repuesto.
- i: Es el interés del dinero en el momento de la compra.
- T: Representa la vida útil de la máquina.

Resultará interesante la compra siempre que se cumpla la desigualdad planteada en la Ecuación 44.

13.4.2 Herramientas Especiales

Una herramienta especial es aquella que un técnico no lleva normalmente en su caja de herramientas. El objetivo de una adecuada gestión de las herramientas especiales es permitir que los técnicos reúnan todas las herramientas que puedan necesitar antes de dirigirse al lugar de trabajo, con el fin de evitar viajes adicionales. Al igual que con las instrucciones del trabajo y los repuestos, una planificación adecuada reducirá los posibles retrasos en la ejecución de la tarea. La principal fuente de información sobre las herramientas especiales necesarias para un trabajo determinado es la experiencia personal y los datos de trabajos anteriores. Los manuales de los fabricantes de maquinaria también suelen incluir listas de herramientas especiales recomendadas. La mejor manera de informar a los técnicos encargados de ejecutar la tarea de mantenimiento sobre las herramientas especiales requeridas es reflejar dicho listado en la orden de trabajo, de manera que, en la comprobación inicial, puedan disponer de todo lo necesario.

13.5 Repuestos para Máquina Nueva

Al adquirir una máquina o instalación nueva, debe considerarse desde el inicio la necesidad casi inmediata de disponer de repuestos. La mayoría de los fabricantes son conscientes de esta exigencia y ofrecen kits con los repuestos más relevantes. Ante la posibilidad de elegir entre diferentes kits, se recomienda invertir entre un 3% y un 6% del valor de adquisición de la máquina en repuestos. Aunque en ciertos casos este porcentaje pueda parecer elevado, este método suele ser conveniente, ya que el coste de adquisición de los repuestos en ese momento suele ser más favorable.

13.6 Indicadores de la Gestión de Repuestos

Además del indicador clásico de la gestión de repuestos, el MTTR, existen otros indicadores asociados que permiten evaluar la efectividad de la gestión de repuestos y identificar áreas de mejora. Estos indicadores son los siguientes:

- Calidad de servicio: Se entiende como la relación entre los repuestos disponibles y los requeridos, expresada en porcentaje. La Política de Gestión de Repuestos de la empresa deberá marcar un valor de Calidad de Servicio mínimo.

- Inmovilizado: Representa el valor económico de todos los repuestos almacenados en la instalación. Dependiendo de la instalación, el coste del inmovilizado representará entre un 1 y un 20% de la inversión mantenida.

- Índice de rotación: Indica el equilibrio entre la calidad de servicio y el inmovilizado almacenado. Se calcula mediante la Ecuación 45:

$$IR = \frac{S}{E} * \frac{12}{n} \quad (45)$$

$$E = \frac{E_{mensual}}{n} \quad (46)$$

Donde:

- IR: Es el índice de rotación.
- S: Valor económico de los repuestos obtenidos del almacén.
- E: Indica la existencia media del repuesto en el período de tiempo considerado y se calcula mediante la Ecuación 46.
- n: Es el número de meses del período de estudio.

El índice de rotación se considerará bueno cuando tome valores superiores a 2 y normal cuando se encuentre alrededor de 1,25. Para valores inferiores a 0,6 el índice de rotación se considera deficiente.

- Histórico de consumo: Muestra el consumo de un repuesto durante períodos específicos, como mensual o anual.
- Coste de rotura de stock: Se refiere al coste que se generaría si no se dispone de un repuesto determinado, lo que obligaría a parar la instalación. Habitualmente, esta decisión está más relacionada con el tiempo suplementario necesario para restituir el funcionamiento de la máquina (MTTR) y su coste, que con el precio del repuesto en sí. Se calcula mediante la Ecuación 47:

$$C_{rotura\ stock} = T_a * T_s * C_f \quad (47)$$

Donde:

- T_a: Representa la tasa diaria de avería (productos no producidos o servicios no prestados).
- T_s: Es el tiempo suplementario de duración de la avería debido a la rotura del stock.
- C_f: Indica el coste unitario del producto no fabricado o el servicio no prestado.

Capítulo 14
Gestión de Recursos Humanos en Mantenimiento

Este capítulo aborda la gestión del recurso humano en las instalaciones industriales. La gestión de recursos humanos resulta fundamental ya que influye enormemente en los costes y tiempos de mantenimiento. La máxima productividad se alcanza cuando cada empleado dentro de una organización tiene una tarea claramente definida para ejecutar de manera específica y en un tiempo establecido. Este principio fue formulado por Frederick Taylor a finales del siglo XIX y sigue siendo un factor relevante en la gestión de las organizaciones.

La medición precede al control. Cuando a una persona se le asigna una tarea para ser realizada en un período de tiempo determinado, esta adquiere automáticamente conciencia de las expectativas de sus superiores. El control se inicia cuando el personal directivo compara los resultados obtenidos con los objetivos establecidos.

El tamaño óptimo del Departamento de Mantenimiento debe corresponder al número mínimo de personas necesarias para realizar de manera efectiva las tareas asignadas. Sin embargo, más allá del tamaño del equipo, existen otros factores relacionados con los recursos humanos que influyen directamente en la eficacia del mantenimiento de la instalación, como son:

- Política de mantenimiento: Esencial para una comprensión clara del programa de mantenimiento y para garantizar la continuidad de las operaciones.

- Sistema de órdenes de trabajo: Herramienta fundamental para el control de costes y la evalación del desempeño de las tareas. Una orden de trabajo autoriza y dirige a los empleados para llevar a cabo una tarea asignada. Un sistema de órdenes de trabajo bien definido cubrirá todos los tipos de trabajos de mantenimiento solicitados y completados, ya sean de carácter puntual o repetitivo.

- Medición del desempeño: Las organizaciones miden regularmente su desempeño y el de sus empleados. Los análisis de desempeño permiten identificar tiempos de inactividad de equipos, peculiaridades en el comportamiento de la organización y tiempos de actuación ante averías.

- Sistema de prioridades: Determinar las prioridades de los trabajos es esencial en el mantenimiento, ya que no es posible realizar todas las tareas el mismo momento en que se solicitan.

14.1 Especialización del Personal de Mantenimiento

Por lo general, aunque dependiendo del tipo de industria, el personal que integra el Departamento de Mantenimiento suele estar compuesto por un equipo diverso de técnicos especializados en distintas áreas que se complementan mutuamente. Esta diversidad responde a las necesidades que plantea la evolución tecnológica de las instalaciones, ya que resulta inviable que una sola persona posea todos los conocimientos requeridos para intervenir de manera adecuada en la totalidad de los equipos de la planta. En términos generales, el departamento contará con técnicos especializados en mecánica, electricidad e instrumentación, subdividiéndose a su vez cada una de estas áreas en campos más específicos.

14.1.1 Formación del Personal de Mantenimiento

La formación del personal encargado del mantenimiento de la instalación debe ser considerada como una inversión estratégica, que contribuirá significativamente a mejorar la fiabilidad, mantenibilidad y disponibilidad de los equipos. Una adecuada capacitación no solo aumenta la eficiencia de la instalación, sino que también reduce los tiempos de inactividad no planificados y los costes asociados a fallos, garantizando un desempeño óptimo de la instalación a largo plazo.

El programa de formación del personal dedicado al mantenimiento debe estar cuidadosamente diseñado para responder a las necesidades específicas de cada categoría laboral: mano de obra directa, mandos intermedios y jefes de mantenimiento. Este programa debe alinearse con los objetivos del mantenimiento y cumplir con tres principios fundamentales:

- Permanencia: La formación debe extenderse a lo largo de la vida laboral de las personas, incorporando actualizaciones relacionadas con la renovación de equipos y cambios en los procedimientos.

- Flexibilidad: Debe adaptarse a la evolución de las tecnologías y a las necesidades dinámicas de la instalación.

- Rentabilidad: Se debe garantizar un retorno de la inversión, medido a través de la mejora de las condiciones operativas de la instalación y del coste integral del mantenimiento.

La formación del personal puede ser gestionada directamente por la empresa o subcontratada a entidades externas especializadas en las tecnologías requeridas. En una primera etapa, resulta esencial que todo el personal adquiera los conocimientos básicos necesarios para desempeñar sus funciones. Posteriormente, debe profundizarse en aspectos técnicos específicos de cada máquina, abarcando su funcionamiento, estructura, normas de operación y mantenimiento, así como los procedimientos de desmontaje y localización de averías. Esta formación especializada suele ser impartida por los fabricantes de las máquinas y se complementa con la experiencia acumulada del personal más veterano de la instalación.

Por su parte, los mandos intermedios y los jefes de mantenimiento requieren una capacitación adicional orientada a la gestión eficiente tanto de los recursos humanos como de los técnicos. Esto incluye el desarrollo de habilidades de comunicación para interactuar eficazmente con subordinados y superiores, además de conocimientos especializados en áreas como organización del mantenimiento, gestión de repuestos, seguridad laboral, planificación operativa y administración de costes y tiempos.

Esta capacitación avanzada, enfocada en el desarrollo de competencias estratégicas y operativas, es indispensable para garantizar un liderazgo efectivo, fomentar la colaboración dentro del equipo y optimizar el rendimiento general del departamento de mantenimiento.

No obstante, uno de los riesgos asociados a la formación de los empleados es su posible migración a otras empresas tras adquirir habilidades avanzadas. Sin embargo, la falta de inversión en capacitación también conlleva consecuencias negativas: una fuerza laboral menos cualificada que no alcanza su pleno potencial. A medio plazo, esta carencia obliga a la empresa a recurrir frecuentemente a expertos externos, lo que incrementa los costes.

14.2 Personal Externo

Las instalaciones actuales suelen contar con un Departamento de Mantenimiento compuesto por el personal mínimo necesario para llevar a cabo tareas de mantenimiento preventivo básico y mantenimiento correctivo menor. Sin embargo, cuando se prevé un incremento en la carga de trabajo del departamento o se requiere personal con alta especialización, es habitual recurrir a la subcontratación. En estas situaciones, generalmente se emplea personal eventual que presta servicios a través de una empresa externa.

La externalización del mantenimiento presenta ventajas como una reducción de costes al aplicar economías de escala, acceso a técnicos especializados, mejora de los procesos y liberación de la necesidad de preocuparse por el funcionamiento interno de una actividad no central. Sin embargo, la externalización del mantenimiento también plantea problemas. Por ejemplo, en negocios pequeños, la externalización puede no resultar efectiva. Además, la cultura empresarial de la propiedad de la instalación y la empresa mantenedora puede ser diferente y generar conflictos. En otros casos, razones de confidencialidad del proceso dificultan la contratación de personal externo.

La contratación de personal externo se clasifica en dos modalidades principales, mantenimiento contratado y mantenimiento por administración. En el mantenimiento contratado, se establece un acuerdo con la empresa contratada para la ejecución de un trabajo específico en la instalación, con un presupuesto fijo que puede cubrir una tarea concreta o incluir pagos periódicos si los servicios se realizan de manera recurrente. Además, se definen plazos de tiempo para la realización de dichas actividades.

Por otro lado, el mantenimiento por administración implica la solicitud de diversos trabajos sin que se establezcan de antemano ni plazos ni precios específicos. En este caso, el pago se realiza en función de la tarea realizada o del tiempo invertido en su ejecución.

Al contratar los servicios de mantenimiento, independientemente de la modalidad seleccionada, es fundamental establecer un listado de empresas candidatas y evaluarlas en base a diversos criterios. Entre estos destacan la especialización, el precio por hora de operarios y supervisores, las homologaciones y certificaciones, las referencias proporcionadas por terceros y la disponibilidad horaria. Este proceso permite seleccionar la empresa más adecuada de entre las que ofrecen sus servicios.

El criterio principal para la elección será optar por aquella empresa que demuestre la capacidad de cumplir de manera eficiente con las tareas asignadas, asegurando al mismo tiempo el menor coste posible para la organización.

14.3 Optimización de la Plantilla de Mantenimiento

El Departamento de Mantenimiento de una instalación debe estar diseñado para gestionar de manera eficiente las tareas cotidianas, evitando la generación de tiempos muertos. Aunque pueda parecer contradictorio, la contratación de personal externo puede resultar una opción más económica en situaciones específicas, tales como puestas en marcha, trabajos altamente especializados, períodos de gran carga de trabajo, épocas de conflicto laboral o la ejecución de tareas de mantenimiento obligatorio por normativa.

En el extremo opuesto se encuentra la externalización total del personal de mantenimiento, una estrategia que puede generar inconvenientes, como la falta de integración del equipo en la dinámica de la empresa o el reemplazo indeseado de operarios. Esto último es especialmente problemático cuando los técnicos asignados ya poseen conocimiento previo de la instalación y son sustituidos por personal nuevo, afectando la continuidad operativa.

La estimación de la carga de trabajo es un factor clave tanto para determinar el tamaño óptimo del equipo interno del Departamento de Mantenimiento como para decidir la cantidad de tareas que deben ser subcontratadas. Esta estimación puede realizarse de manera directa, utilizada en las etapas iniciales de la planta y basada en la planificación prevista, o mediante datos históricos. Entre los indicadores relevantes se incluyen las horas dedicadas a los mantenimientos correctivo, preventivo y predictivo; las horas extraordinarias; las tareas acumuladas y no realizadas; y la previsión de paradas programadas. Estos datos proporcionan una base sólida para una planificación eficiente y ajustada a las necesidades reales de la instalación.

Al determinar la composición del personal del Departamento de Mantenimiento, es igualmente necesario definir las tareas que serán asignadas a cada operario. En el caso de los técnicos que desempeñan labores de mantenimiento en la instalación, se prioriza fomentar la movilidad y la polivalencia, de modo que cada persona encargada del mantenimiento pueda atender un mayor número de equipos y sistemas.

Por el contrario, si el puesto está destinado a realizar tareas en el taller, la especialización del operario será el criterio predominante, ya que este tipo de actividades requiere un mayor grado de conocimiento técnico en áreas específicas. Este enfoque diferencial asegura una distribución eficiente de las funciones y un aprovechamiento óptimo de los recursos humanos disponibles.

14.4 La Seguridad en el Departamento de Mantenimiento

Debido a la naturaleza del trabajo, la diversidad de tareas y los plazos ajustados, la tasa de accidentalidad entre el personal del Departamento de Mantenimiento suele ser superior a la de otros departamentos de la empresa. En muchas ocasiones, los operarios deben trabajar bajo presión debido a paradas imprevistas en la instalación, lo que puede llevar a descuidar las medidas de seguridad. Por ello, resulta imprescindible poner un énfasis especial en la prevención de riesgos laborales.

Entre las causas más habituales de los accidentes se encuentran la falta de prendas de trabajo o equipos de protección individual (EPI), el planteamiento inadecuado de los trabajos, así como distracciones e imprudencias. Otras causas menos frecuentes, pero igualmente relevantes, incluyen el uso de herramientas inadecuadas o en mal estado, la falta de higiene, insuficiencia de espacio o iluminación deficiente.

La no utilización de equipos de protección individual es una práctica inaceptable. Durante las tareas de mantenimiento, es habitual eliminar o bloquear temporalmente los dispositivos de seguridad de las máquinas para proceder a su desmontaje, lo que incrementa significativamente el riesgo de accidentes. En estas circunstancias, los EPI se convierten en la única barrera de protección para los operarios, por lo que su uso debe ser obligatorio y riguroso.

Por otro lado, un planteamiento incorrecto de los trabajos puede mitigarse, al menos en parte, mediante una adecuada planificación. Al diseñar un plan de mantenimiento para un equipo específico, es esencial considerar las particularidades de la máquina, el entorno donde se encuentra instalada, las alturas libres y otros factores relevantes que puedan influir en la seguridad y viabilidad de las intervenciones.

Las distracciones e imprudencias son incidentes comunes en el mantenimiento industrial, motivadas en gran medida por el entorno en que se desarrollan los trabajos. La presencia de personas ajenas al Departamento de Mantenimiento y la presión por completar las tareas en el menor tiempo posible son factores que contribuyen a este tipo de comportamientos. Una adecuada formación y sensibilización, junto con medidas organizativas, puede ayudar a reducir estas situaciones y mejorar la seguridad en el departamento.

Las causas arriba descritas, junto con otras que se enumeran a continuación, se pueden clasificar por su origen, subjetivas u objetivas:

- Causas subjetivas
    - Falta de uso de prendas y equipos de protección individual.
    - Incorrecto planteamiento del trabajo.

- Distracciones.
- Imprudencias.
- Condiciones físicas de la persona.
- Simplificación del trabajo.
- Falta de instrucciones.

- Causas objetivas
    - Herramientas en mal estado o inadecuadas.
    - Presencia de energías residuales.
    - Condiciones ambientales adversas.
    - Suelos resbaladizos.
    - Andamios defectuosos.
    - Falta de espacio.
    - Falta de iluminación.

Para prevenir o, al menos reducir, la incidencia de accidentes en el Departamento de Mantenimiento, es fundamental implementar programas de formación orientados a la seguridad y al uso adecuado de las tecnologías disponibles. Estos programas deben proporcionar a los operarios las competencias necesarias para enfrentar los riesgos inherentes a su labor, fomentando una cultura de seguridad en el entorno laboral.

Además, resulta crucial identificar y mitigar aquellos factores que puedan incrementar la ansiedad entre los trabajadores, la cual ya es elevada debido a la naturaleza del trabajo, caracterizado por fallos imprevistos y situaciones urgentes. La gestión adecuada del estrés, combinada con una planificación efectiva de las tareas y un ambiente laboral favorable, contribuye significativamente a reducir la accidentalidad y a mejorar el desempeño del personal.

En los protocolos de actuación de la empresa, especialmente en el caso de máquinas complejas y/o críticas, es esencial incluir instrucciones específicas para la preparación de los trabajos de mantenimiento. Estas instrucciones deben incorporar un estudio de seguridad que analice tanto la zona de trabajo como la máquina donde se llevarán a cabo las tareas.

Cuando sea necesario, dicho estudio deberá contemplar las medidas de seguridad aplicables para realizar operaciones con la máquina antes de que la reparación haya concluido por completo. Asimismo, es indispensable incluir los protocolos de seguridad a seguir durante las pruebas posteriores a la reparación, antes de que el equipo sea reintegrado a su funcionamiento continuo. Estas medidas garantizan no solo la integridad de los trabajadores, sino también el correcto desempeño de la máquina tras la intervención.

14.4.1 Responsabilidad en los Trabajos de Mantenimiento

Tanto desde el punto de vista de la seguridad como en el ámbito operativo, los mandos del Departamento de Mantenimiento pueden enfrentar responsabilidades jurídicas derivadas del incumplimiento de los mantenimientos de carácter legal. Dependiendo de la naturaleza de la responsabilidad, esta estará regida por el Código Penal, en casos de faltas o delitos, o por las disposiciones del Código Civil, en situaciones de culpa o negligencia. En este contexto, el Tribunal Penal se encargará de determinar la punibilidad del acto, mientras que el Tribunal Civil buscará el resarcimiento de los daños ocasionados.

El accidente de trabajo, definido por el Real Decreto Legislativo 8/2015, Art. 156 como *toda lesión corporal que el trabajador sufra con ocasión o por consecuencia del trabajo que ejecute por cuenta ajena*, puede generar implicaciones legales tanto para los responsables de mantenimiento como para la empresa, especialmente si las lesiones del trabajador son consecuencia de un error o negligencia en la instalación.

Es responsabilidad de los mandos del Departamento de Mantenimiento conocer, cumplir y hacer cumplir las normas de seguridad e higiene laboral. Además, en virtud del deber de previsión que les corresponde, están obligados a exigir a su personal el cumplimiento estricto de las medidas de seguridad establecidas.

La pasividad o resistencia por parte de los trabajadores no exime a los mandos de su responsabilidad en la implementación de las normas de seguridad. Cualquier omisión en este ámbito podría derivar en su implicación en procedimientos legales, tanto penales como civiles, poniendo en riesgo su integridad profesional y la operatividad segura de la instalación.

14.4.2 Indicadores de Accidentalidad

Con el propósito de analizar estadísticamente la accidentalidad en el Departamento de Mantenimiento, en otros departamentos o incluso en el conjunto de la empresa, se utilizan dos indicadores clave: el índice de frecuencia y el índice de gravedad.

El índice de frecuencia, Ecuación 48, establece una relación entre el número de accidentes que han resultado en baja laboral del trabajador y el número de horas trabajadas durante un mismo período, generalmente anual. Este indicador permite evaluar la frecuencia con la que ocurren accidentes en función de la exposición al trabajo, proporcionando una medida objetiva para identificar tendencias y áreas de riesgo.

$$\text{Índice de frecuencia} = \frac{N^{\underline{o}}\ accidentes\ con\ baja}{N^{\underline{o}}\ horas\ trabajadas} * 10^6 \tag{48}$$

El índice de gravedad, por su parte, establece la relación entre el número de jornadas laborales perdidas como consecuencia de los accidentes y el total de horas trabajadas en el mismo período, Ecuación 49. Este indicador permite evaluar la severidad de los accidentes ocurridos, ofreciendo una perspectiva sobre su impacto en términos de tiempo perdido y su repercusión en la operatividad de la empresa.

$$\text{Índice de gravedad} = \frac{N^{\underline{o}}\ jornadas\ perdidas}{N^{\underline{o}}\ horas\ trabajadas} * 10^3 \tag{49}$$

14.4.3 Comportamientos Humanos Genéricos

El comportamiento humano ha sido estudiado repetidamente y se han obtenido conclusiones sobre comportamientos generales y típicos. El conocimiento de tales patrones de comportamiento puede ser bastante útil en trabajos de mantenimiento y su relación con la seguridad laboral. Algunos comportamientos humanos generales son:

- Las personas se confunden fácilmente en entornos desconocidos.
- Las personas se vuelven menos cuidadosas después de operar exitosamente equipos peligrosos durante largos períodos.
- Las personas tienden a utilizar sus manos para examinar o probar.

- Las personas suelen sobrestimar las distancias cortas y subestimar las distancias largas.
- Las personas son demasiado impacientes y no toman el tiempo necesario para observar las precauciones adecuadas a cada tarea.
- Las personas esperan que los interruptores eléctricos se muevan hacia arriba o hacia la derecha para cerrarse.
- Las personas se acostumbran a que ciertos colores tengan un significado determinado.

Los responsables del Departamento de Mantenimiento deben tener en cuenta estos y otros comportamientos genéricos al planificar el mantenimiento de la instalación, evitando dejar a personas nuevas solas, concienciando sobre la peligrosidad de ciertas tareas y diseñando los sistemas de manera que puedan ser operados de forma intuitiva.

14.4.4 Advertencias Auditivas y Visuales en Mantenimiento

En la ejecución del mantenimiento hay ocasiones en las que el personal estará en zonas de la instalación donde la maquinaria de alrededor está en marcha. Debido a esto, se debe utilizar señalización visual y auditiva que avise de los peligros presentes. Respecto al uso de dispositivos de advertencia auditiva, se debe prestar atención a factores como la idoneidad para captar la atención del personal de reparación, utilizando sonidos al menos 20 dB por encima del umbral de audición, con tonos no continuos, y agudos por encima de 2.000 Hz.

En el caso de utilizar señalización visual, las indicaciones deben ser simples, el área de recepción del mensaje debe estar correctamente iluminada. Se debe evitar que el personal de mantenimiento esté sobrecargado de estímulos ya que esto favorece las distracciones.

14.4.5 Aplicación de los Principios de Gestión de la Calidad en Seguridad

El sistema de gestión de calidad Six Sigma surgió en Motorola a mediados de la década de 1980. Esta metodología incorpora los principios teóricos y prácticos de pioneros de la calidad como W.E. Deming, abordando una cuestión fundamental: ¿el esfuerzo por lograr calidad depende de detectar y corregir defectos o es posible prevenirlos mediante controles de fabricación y diseño del producto?

En el núcleo de Six Sigma está la mejora de la efectividad y la eficiencia, con el objetivo de alcanzar la perfección. Lo que distingue a Six Sigma de los conceptos tradicionales de calidad es su enfoque en comunicar ratios de error medibles. En la actualidad, esta metodología incluye estándares de rendimiento y una amplia variedad de herramientas analíticas para la resolución de problemas, como los diagramas de Pareto, mapas de procesos y diagramas de espina de pescado.

Los principios de Six Sigma, originalmente diseñados para la calidad, pueden ser aplicados a la seguridad industrial con el mismo objetivo: eliminar defectos, en este caso, reduciendo las tasas de lesiones. En este contexto, se han identificado seis niveles, cada uno de los cuales se construye sobre el anterior, hasta alcanzar una cultura de cero lesiones.

- Nivel 1: "Reacción". Este nivel se basa en las tres E de la seguridad: ingeniería, educación y cumplimiento (del inglés *Engineer, Educate, and Enforce*). Las herramientas en este nivel incluyen órdenes de trabajo, reglas de seguridad, investigación de accidentes e informes de rendimiento. Aunque no profundizan en la casuística de los accidentes, este nivel establece las bases para un entorno de trabajo seguro.

- Nivel 2: "Lo que se ve". Las herramientas aplicables en este nivel incluyen programas de observación, análisis de seguridad en el trabajo e informes de incidentes potenciales (en inglés, *Near Miss*). Se requieren miles de observaciones para detectar errores, y a medida que disminuyen, se necesita aumentar la cantidad de observaciones. La esencia de este nivel está en lo que se puede observar en el puesto de trabajo.

- Nivel 3: "Lo que se hace". En el Nivel 3, la seguridad se basa en la responsabilidad individual a todos los niveles. Sin rendir cuentas, alcanzar este nivel sería casi imposible. Las organizaciones que avanzan hacia el Nivel 3 generalmente han incorporado la responsabilidad personal en sus programas de seguridad.

- Nivel 4: "Lo que se cree". Comenzando en 1979, Dan Petersen y Charles Bailey desarrollaron una encuesta de percepción de seguridad en la industria ferroviaria de Estados Unidos. Hoy en día, este sistema se usa para auditar la cultura de seguridad de una organización y detectar brechas en la percepción de los empleados. El análisis de estos datos se utiliza para identificar debilidades y oportunidades de mejora.

- Niveles 5 y 6: "Niveles de involucramiento y liderazgo". Una vez la organización ha completado el Nivel 4, los siguientes desafíos implican usar la información de los niveles anteriores de manera rápida y precisa. Este es el punto donde la organización puede aspirar a un lugar de trabajo con cero accidentes. La clave está en crear una cultura de seguridad sostenible, donde las decisiones de seguridad se tomen sin pensarlo, de manera habitual.

Cuando estos factores críticos se implementan con éxito, la cultura de seguridad libre de errores se convierte en un activo estratégico para la organización. Los beneficios incluyen un ahorro de costes significativos y una reducción drástica de los riesgos laborales, fortaleciendo la posición de la empresa frente a otras prioridades esenciales como la calidad y la eficiencia.

14.5 Productividad de los Recursos Humanos en Mantenimiento

La productividad del personal en las tareas de mantenimiento no es fácilmente cuantificable, a diferencia de otros departamentos como el de producción, donde el rendimiento se mide en unidades fabricadas. En mantenimiento, la evaluación de la productividad debe basarse en indicadores generales como la disponibilidad, desglosada en fiabilidad y mantenibilidad, el coste del mantenimiento, y los índices de frecuencia y de gravedad. De esta manera, una alta productividad se logra cuando las máquinas tienen una alta disponibilidad a un bajo coste y no se registran accidentes.

Resulta decisivo valorar la productividad como un conjunto de estos indicadores y no de manera aislada, ya que, por ejemplo, si la prioridad es la disponibilidad y los operarios trabajan con mayor rapidez, esto podría generar distracciones que conduzcan a accidentes o a una disminución en la calidad de la reparación, afectando así la fiabilidad de la máquina.

Una de las estrategias para mejorar la productividad del personal de mantenimiento es la implementación de primas o incentivos. Estos incentivos pueden ser individuales o colectivos, y se otorgarán en función del cumplimiento de objetivos tales como tiempos de reparación, fiabilidad o coste. Cada empresa organizará su sistema de incentivos conforme a su política de retribución y estructura organizativa, asegurando que estos beneficios estén alineados con los objetivos generales de la compañía.

En el caso de que se desee retribuir con un incentivo que sea proporcional a la producción del operario se puede utilizar el sistema Bedaux de primas directas, Ecuación 50:

$$S_T = (S_o * T) + (n * P) \tag{50}$$

Donde:

- S_T: Percepción económica total.
- S_o: Sueldo base por hora.
- T: Tiempo de trabajo.

- n: Número de horas en exceso.
- P: Precio de la hora en exceso.

El primer término, $(S_o * T)$, representa el salario base de la persona, mientras que el segundo término, $(n * P)$, corresponde a la prima asignada. En este sistema, la empresa garantiza que S_o es un valor fijo, es decir, que el salario base no varía.

En algunos casos, n (el número de unidades de trabajo realizadas) y P (el valor de la prima por unidad) se miden en minutos en lugar de horas, especialmente cuando el trabajo realizado ocupa menos de una hora completa. Este ajuste permite que la prima se adapte de manera más precisa a la cantidad de trabajo realmente realizado, optimizando el cálculo de las compensaciones y favoreciendo una medición más justa del tiempo invertido en cada tarea.

14.5.1 Evaluación de Desempeño del Personal de Mantenimiento

El personal del Departamento de Mantenimiento es clave para aumentar la fiabilidad y disponibilidad de la instalación, y su desempeño debe ser medido y controlado de manera eficaz. Una práctica útil consiste en seleccionar un comité de individuos con experiencia en la materia para asignar el valor adecuado a cada factor de cada puesto de trabajo del departamento.

Si los miembros del comité están bien familiarizados con todos los trabajos en consideración, esta técnica resulta ágil y eficaz. Se revisa cada factor para todos los puestos, asignando un valor a cada puesto para ese factor. Luego, se revisa el siguiente factor para todos los puestos. Una vez asignados todos los valores de los factores, se determinan los puntos totales para cada puesto, los cuales establecerán la puntuación total máxima del puesto. Cada trabajador será evaluado según los factores considerados, y el impacto de cada factor en cada puesto se determinará antes de considerar la evaluación total del puesto. En situaciones en las que el comité no tenga experiencia previa, será necesario convocar a individuos familiarizados con el trabajo para que respondan preguntas y aclaren detalles, utilizando, por ejemplo, el Método Delphi.

Capítulo 15
Mantenimiento Productivo Total

El Mantenimiento Productivo Total (*Total Productive Maintenance*, TPM) es una metodología sistemática y holística orientada a maximizar la eficiencia operativa de los equipos y minimizar las pérdidas en los procesos productivos. En 1961, la Japan Management Association estableció un Comité de Mantenimiento de Instalaciones Industriales, el cual existió hasta 1969, cuando se formó el Japan Institute of Plant Engineers. Perteneciente a este instituto, Seiichi Nakajima desarrolló el concepto de Mantenimiento Productivo Total en 1971.

Este concepto integra la participación activa de todos los niveles de la organización, desde los operarios hasta la alta dirección, con el objetivo principal de alcanzar un estado de "cero fallos, cero defectos y cero accidentes". Al igual que la gestión de la calidad total se aplica a nivel de toda la empresa, el TPM implica la realización de mantenimiento de equipos de manera integral en toda la organización.

La maquinaria industrial ha evolucionado considerablemente, alcanzando niveles de complejidad elevados. Hoy en día, existen equipos automatizados que operan de manera autónoma, así como procesos que requieren velocidades, presiones y temperaturas que desafían la tecnología actual.

Sin embargo, el aumento de la automatización no ha suprimido la necesidad de intervención humana, ya que solo se ha automatizado la parte operativa, mientras que el mantenimiento sigue dependiendo en gran medida del personal especializado. Los equipos automatizados y tecnológicamente avanzados requieren habilidades que exceden las competencias tradicionales de los trabajadores de mantenimiento, por lo que su utilización efectiva demanda una organización de mantenimiento adecuada.

El doble objetivo que persigue el TPM en la actualidad es alcanzar cero averías y cero defectos. Al eliminar ambos, se incrementan las tasas de operación de los equipos, se reducen los costes y se minimiza el inventario de consumibles y repuestos, lo que, en consecuencia, mejora la productividad de la instalación.

La evolución histórica del TPM así como sus objetivos puede observarse en la Tabla 9:

Tabla 9 – Evolución histórica del Mantenimiento Productivo Total.

Período	Metodología	Enfoque	Objetivo	Conceptos
1960	Mantenimiento productivo	Fiabilidad Mantenibilidad Costes	Reducción de tiempos muertos Aumento de la eficiencia del mto	RCM[1]
1970	TPM	Mto predictivo enfocado en la calidad total Involucrar al total de los empleados	Cero avería. Cero defectos	JIT[2] TQM[3] Terotecnología
1980 – 1990	TPM combinado con mantenimiento predictivo	TPM Mto basado en la condición	Cero averías Cero defectos Optimización de la disponibilidad	Mantenimiento gestionado por ordenador
2000	Post-mantenimiento	Gestión del Mto por ordenador TPM	Cero defectos Cero averías Cero accidentes. Cero contaminación Cero inventarios	Inteligencia artificial Sistemas expertos

1: Mantenimiento Centrado en la Fiabilidad (*Reliability Centered Management*, RCM).

2: Metodología "Justo a Tiempo" (*Just in Time*, JIT).

3: Gestión de la Calidad Total (*Total Quality Management*, TQM).

15.1 Características del Mantenimiento Productivo Total

El TPM, definido como *mantenimiento productivo que implica la participación total*, no se limita exclusivamente a los trabajadores, ni debe interpretarse que las actividades de mantenimiento deben llevarse a cabo de manera autónoma en la instalación. Para que el TPM sea verdaderamente efectivo, debe implementarse a nivel de toda la empresa, lo que implica la involucración activa de la dirección.

El concepto TPM incluye cinco elementos característicos:

- Tiene como objetivo maximizar la efectividad de los equipos (efectividad global).
- Establece un sistema completo de mantenimiento preventivo durante todo el ciclo de vida de los equipos.
- Se implementa en todos los departamentos (ingeniería, operaciones, mantenimiento).
- Involucra a todos los empleados, desde la alta dirección hasta los trabajadores de la instalación.
- Se basa en la promoción del mantenimiento preventivo mediante la gestión motivacional y las actividades autónomas en pequeños grupos.

La palabra "total" en TPM tiene tres significados que describen las características principales del concepto:

- Efectividad total: El TPM se implanta por motivos de eficiencia económica.
- Sistema total de mantenimiento: El TPM incluye el mantenimiento preventivo y la mejora de la mantenibilidad de la instalación.
- Participación total de todos los empleados: El TPM abarca el mantenimiento autónomo por parte de los operadores de la instalación a través de actividades en pequeños grupos.

Con estas características, el TPM tiene como objetivos principales:

- Incrementar la eficiencia global de los equipos: El TPM intenta eliminar las conocidas como “seis grandes pérdidas” que limitan la efectividad de los equipos:

1. Fallos en los equipos.
2. Preparación y ajustes.
3. Paradas menores e inactividad.
4. Velocidad reducida.
5. Defectos en el proceso.
6. Reducción de rendimiento.

- Reducir los costes asociados al mantenimiento y a las pérdidas en el proceso productivo.
- Mejorar la calidad de los productos y servicios mediante la prevención de defectos.
- Crear un ambiente de trabajo seguro y motivador para los empleados.

Una de las principales filosofías que promueve el TPM es la cultura de cero defectos, la cual constituye un medio para fomentar la prevención, un elemento esencial en la búsqueda de la calidad. Tanto la cultura de cero defectos como el TPM comparten una filosofía común. Mientras que la filosofía de cero defectos se centra en la prevención de los defectos, el TPM pone énfasis en la importancia de prevenir las averías.

Otro concepto de gestión con el que el TPM comparte filosofía es la Terotecnología, definida como *una combinación de gestión, finanzas, ingeniería y otras prácticas aplicadas a los activos físicos de la instalación, cuyo objetivo es optimizar el LCC. Su práctica se enfoca en la especificación y el diseño para la fiabilidad y mantenibilidad de maquinaria y equipos*. Aunque tanto el TPM como la terotecnología tienen como objetivo común la optimización del LCC, difieren en cuanto al objetivo específico y la ubicación de la responsabilidad. El TPM es practicado exclusivamente por el propietario del equipo, mientras que la terotecnología involucra al proveedor, a las empresas de ingeniería y al propietario de los equipos.

Los objetivos del TPM son amplios, ya que se centran más en mejorar el rendimiento, la interacción entre empleados y el esfuerzo positivo que en la tecnología de mantenimiento. Esto implica que, en una empresa que haya implementado el TPM, existirá un equilibrio entre el factor humano y el factor técnico.

15.2 Implantación del Mantenimiento Productivo Total

La lógica sugiere que la transición hacia el TPM debe ser progresiva. Si la empresa ya ha implementado el mantenimiento predictivo, el TPM puede adoptarse fácilmente mediante la adición del mantenimiento autónomo realizado por los operadores al sistema existente. No obstante, si una empresa aún no ha implementado siquiera el mantenimiento preventivo, un cambio abrupto desde el mantenimiento correctivo al TPM será extremadamente difícil, aunque no imposible.

En la implantación y ejecución del TPM, cada uno de los actores de la empresa tiene un papel determinado que contribuye al buen funcionamiento de la instalación. Las tareas de mantenimiento de máquinas, como la limpieza, lubricación, ajustes (por ejemplo, aprietes) e inspecciones rutinarias, pueden prevenir el deterioro y evitar fallos potenciales. El mantenimiento diario del equipo debe ser responsabilidad de cada operador. Este mantenimiento preventivo reduce el número de averías y prolonga la vida útil del equipo. Además, el coste de la prevención diaria es mínimo en comparación con los gastos derivados de la negligencia en el cuidado de la máquina.

Los mandos intermedios deben ser los encargados de implementar el mantenimiento preventivo, evitando que las averías y paradas menores reduzcan la efectividad global del equipo y la productividad de la instalación. Los malos hábitos y las actitudes derrotistas pueden estar profundamente arraigados en la mentalidad de los empleados de la empresa. Una determinación tibia por parte de la dirección no será suficiente para cambiar hábitos arraigados durante largo tiempo. Solo cuando la alta dirección esté seriamente comprometida con el TPM podrá eliminarse la mentalidad derrotista y transformar un entorno desfavorable.

El primer paso hacia la implantación del TPM es eliminar los defectos en los equipos que ya están en operación. Las experiencias adquiridas de este esfuerzo pueden servir como retroalimentación para diseñar o adquirir mejores equipos en el momento de su renovación. Al eliminar los fallos y defectos, las condiciones de operación del equipo se acercarán gradualmente a su estado ideal. Para garantizar que los procedimientos de eliminación de defectos se realicen de manera exhaustiva, tanto los departamentos de operaciones como de mantenimiento deben comprender el rol del otro y cooperar. Ambos deben estar dispuestos a ajustar sus puntos de vista y comportamientos, y cumplir con sus respectivos deberes.

El TPM promueve políticas empresariales en las que todos los empleados reciban capacitación para manejar los equipos. También fomenta el diseño y la fabricación de equipos internamente, lo que contribuye a perfeccionar las técnicas y habilidades de producción. Se debe tener en cuenta que la dependencia de fabricantes externos desperdicia una ventaja potencial. Además, una empresa que no ha desarrollado su propio equipo o herramientas carecerá del nivel de habilidad técnica necesario para llevar a cabo un mantenimiento efectivo.

La justificación para subcontratar o comprar equipos y herramientas externas radica en la dedicación de todos los recursos a la producción, en lugar de a procesos indirectamente relacionados como la investigación y el desarrollo. Sin embargo, esta indiferencia, y a veces desprecio, por la tecnología del equipo refleja una falta de comprensión sobre su importancia. Las máquinas se han vuelto cada vez más sofisticadas, y las empresas que descuidan la tecnología brindan a sus nuevos empleados, recién graduados, solo una breve capacitación antes de asignarles trabajo autónomo. Obviamente, los nuevos empleados, que apenas entienden la estructura y las funciones de la maquinaria, tendrán dificultades para operarla. En estas condiciones, los defectos en el proceso, las averías de máquinas y los accidentes son inevitables. Este uso inadecuado de equipos complejos está muy por debajo del nivel operativo de las empresas que han adoptado el TPM.

Los procedimientos detallados para implantar el TPM y maximizar la efectividad del equipo deben adaptarse a cada empresa de manera individual, ya que las necesidades y los problemas varían según la empresa, el tipo de industria, los métodos empleados y las condiciones de los equipos. Sin embargo, existen algunas condiciones básicas para el desarrollo de un programa TPM exitoso que son aplicables en la mayoría de situaciones.

- Eliminación de las seis grandes pérdidas para mejorar la efectividad del equipo.

- Programa de mantenimiento autónomo.

- Calendario de mantenimiento programado por el Departamento de Mantenimiento.

- Mayor capacitación de los operarios y el personal de mantenimiento.

- Programa inicial de gestión de equipos.

Estas actividades de desarrollo constituyen los requisitos fundamentales para el desarrollo del TPM.

15.2.1 Desarrollo del Mantenimiento Productivo Total

Nakajima organizó el desarrollo del TPM en una metodología conocida como "los doce pasos del desarrollo TPM" (*Twelve Steps of TPM Development*). Esta metodología tiene como objetivo maximizar la efectividad de los equipos y fomentar una cultura de mejora continua y participación total en el mantenimiento. Los pasos incluyen actividades organizativas, técnicas y culturales que aseguran la implementación exitosa del TPM.

A continuación, se describen los doce pasos básicos del desarrollo del TPM:

1. Declarar el compromiso de la dirección: La alta dirección de la empresa debe comprometerse a implementar el TPM y comunicar su entusiasmo, así como la importancia de la implantación, a todos los niveles de la organización. Es fundamental que la alta dirección muestre un compromiso firme con el TPM y comprenda plenamente lo que dicho compromiso implica. La preparación para la implementación requiere la creación de un entorno favorable que facilite un cambio efectivo. Establecer este entorno favorable es responsabilidad principal de la dirección en esta etapa. En este contexto, la dirección de la empresa deberá aplicar el principio japonés conocido como *Genchi Genbutsu*, el cual consiste en visitar los lugares donde ocurren los hechos y observar directamente lo que realmente sucede. Este principio, ampliamente adoptado en las metodologías *Lean*, permitirá a la dirección abordar y resolver los problemas de manera más eficiente.

2. Lanzar un programa de educación y sensibilización: Se debe formar a todos los empleados, desde la dirección hasta los operarios, sobre los principios y objetivos de la implantación del TPM. Esto asegura que comprendan los beneficios y participen activamente. La resistencia a la adopción del TPM puede manifestarse de diversas formas. Algunos trabajadores pueden preferir la división tradicional del trabajo, otros temen que el TPM incremente su carga laboral, mientras que el personal de mantenimiento podría mostrar escepticismo respecto a la capacidad de los operadores para llevar a cabo tareas de mantenimiento preventivo. La formación en la implementación del TPM debe diseñarse para eliminar la resistencia y elevar la moral de los trabajadores.

3. Establecer la estructura organizativa para promover el TPM: Se forman equipos interdisciplinarios responsables de planificar, ejecutar y supervisar las actividades del TPM en las diferentes áreas de la empresa. La estructura de promoción del TPM se basará en una matriz organizativa que forme grupos horizontales, como comités y equipos de proyecto, en cada nivel de la organización vertical de gestión. Esta estructura es fundamental para garantizar el apoyo y el desarrollo exitoso del TPM en todos los niveles de la empresa. Asimismo, se designará una sede para las reuniones generales de esta estructura.

4. Establecer políticas y metas para el TPM: Se deben definir objetivos específicos, medibles, alcanzables, relevantes y con un plazo de ejecución determinado. Dado que habitualmente se requieren al menos tres años para eliminar la totalidad de los defectos y averías mediante el TPM, una política de gestión básica debería consistir en comprometerse con el TPM e incorporar procedimientos concretos en el plan de gestión a medio y largo plazo. La eliminación total de averías y defectos puede ser un objetivo a largo plazo, por lo que la dirección debe establecer metas intermedias, como una reducción porcentual de fallos dentro de un plan a tres años vista. Para determinar los objetivos de este plan, es necesario considerar tanto las necesidades internas como las externas de la empresa. Fijar un objetivo alcanzable requiere comprender el nivel y las características de las averías actuales, así como la tasa de fallos de los equipos. Una vez conocidas, las metas a tres años deben compararse con las condiciones actuales. Posteriormente, se debe calcular el retorno de la inversión de las mejoras implementadas.

5. Desarrollar un plan maestro para la implementación del TPM: Se debe crear un cronograma detallado que especifique las etapas, actividades y recursos necesarios para implementar el TPM. En este plan, debe incluirse el cronograma diario para la promoción del TPM, comenzando con la etapa de preparación previa a la implementación. Este quinto paso marca el final de la fase de implementación, dando paso al sexto paso y los siguientes, que corresponden a la etapa de estabilización del TPM en la empresa.

6. Celebrar una reunión de lanzamiento del TPM: Con el objetivo de comunicar la adaptación del TPM y reforzar el compromiso de otros actores, se invitará a clientes, afiliados y empresas subcontratadas. En la reunión, los directivos informarán sobre los planes desarrollados y el trabajo realizado durante la fase preparatoria, como la estructura de promoción del TPM, el plan maestro y las políticas a seguir para su desarrollo, así como los objetivos básicos a alcanzar. Durante la etapa de implementación, de los pasos 1 a 5, la dirección y el personal profesional desempeñaron un papel predominante. Sin embargo, a partir de este momento, los trabajadores deben alejarse de las rutinas diarias que hasta entonces tenían y comenzar a practicar el TPM. El inicio de esta etapa debe ayudar a cultivar un ambiente que aumente la moral y dedicación de los trabajadores.

7. Mejorar la efectividad: Se seleccionará un área o equipo específico para actuar como proyecto inicial, en el que se pondrán a prueba las prácticas del TPM antes de implementarlas en toda la organización. Estos proyectos piloto de TPM estarán enfocados en realizar mejoras y eliminar defectos en el equipo seleccionado. Estas mejoras generarán resultados positivos dentro de la empresa. Sin embargo, durante las primeras etapas de implementación, algunos podrían dudar del potencial del TPM para generar resultados favorables. Para superar esta duda y generar confianza, se deben seleccionar los proyectos piloto, incidiendo en aquellos equipos que experimentan pérdidas crónicas durante la operación, los cuales mostrarán una mejora significativa tras la aplicación del TPM durante un período de tres meses. Estos proyectos piloto ofrecen varios beneficios: demuestran la efectividad del TPM y brindan al personal experiencia práctica.

8. Implementar mantenimiento autónomo: Se capacitará a los operarios para que realicen tareas básicas de mantenimiento, fomentando la responsabilidad sobre el estado de los equipos. En la medida de lo posible, también se establecerán procesos de certificación para los trabajadores. El mantenimiento autónomo por parte de los operadores es una característica única del TPM. Cuanto más tiempo haya estado organizada una empresa de manera tradicional, más difícil resultará implementar el mantenimiento autónomo, ya que tanto los operadores como el personal de mantenimiento encuentran complicado dejar atrás el concepto de que cada persona tiene una única función. Estas actitudes no pueden cambiarse de la noche a la mañana, lo que explica por qué se tarda entre dos y tres años en pasar de la introducción del TPM a su implementación completa. En la promoción del TPM, todos, desde la alta dirección hasta los niveles más bajos de la organización, deben creer que es factible que los operadores realicen mantenimiento autónomo y que cada individuo sea responsable de su propio equipo. Además, cada operador debe ser entrenado en las habilidades necesarias para llevar a cabo sus tareas de mantenimiento autónomo.

9. Establecer un programa de mantenimiento planificado: Este programa implementará un cronograma de mantenimiento preventivo y predictivo que minimice las averías. El mantenimiento programado deberá coordinarse con las actividades de mantenimiento autónomo realizadas por los operadores de las máquinas para evitar solapamientos. Hasta que la inspección general se convierta en parte de la rutina de los trabajadores, será necesario contar con la asistencia del departamento de mantenimiento con mayor frecuencia. Además, las averías accidentales, aunque disminuyan gradualmente, seguirán exigiendo atención. Por lo tanto, la carga de trabajo del Departamento de Mantenimiento en este período de implementación podría alcanzar niveles récord. Este exceso temporal de trabajo debe gestionarse de manera oportuna mediante horas extras y subcontratación, para respaldar el compromiso de los operadores. El volumen de trabajo del Departamento de Mantenimiento disminuirá nuevamente una vez que la inspección general se haya integrado en la rutina de los operadores. El número de averías también disminuirá significativamente y las actividades de mantenimiento se reducirán. Además, el programa de mantenimiento planificado incluirá una sección para la gestión de repuestos, herramientas y documentación.

10. Fomentar la formación para la mejora de las habilidades de mantenimiento: Los mandos de cada departamento deberán realizar cursos de liderazgo y compartir información para aprender unos de otros. La educación es una inversión en el capital humano que genera múltiples beneficios. Una empresa que implemente el TPM debe invertir en la capacitación que permita a los empleados gestionar adecuadamente sus equipos.

11. Gestionar el ciclo de vida de los equipos desde el inicio: Integrar los principios de TPM en el diseño, selección e instalación de nuevos equipos para garantizar su mantenibilidad y fiabilidad futura. El mantenimiento temprano de los equipos es realizado principalmente por el personal de ingeniería y mantenimiento como parte de un enfoque integral de prevención y diseño sin mantenimiento. Estos objetivos se promueven mediante actividades de mejora en varias etapas: la planificación de la inversión en equipo, el diseño, la fabricación, la instalación y las pruebas de funcionamiento, así como la puesta en marcha. Es fundamental, durante las primeras etapas, evitar que los fallos anticipados persistan, ya que pueden afectar al rendimiento. Además, se debe fomentar el uso del análisis LCC.

12. Expandir TPM a toda la organización: Una vez que el programa inicial haya sido exitoso, se debe extender TPM a todas las áreas, incluidos los departamentos administrativos y de soporte. No se debe descuidar la mejora continua. Durante este período de estabilización, todos los departamentos de la empresa trabajarán para mejorar los resultados del TPM.

Cada uno de estos pasos se enfoca en un aspecto concreto, pero todos comparten la intención de involucrar a todos los empleados, optimizar los procesos de mantenimiento y garantizar que los equipos funcionen de manera eficiente y fiable, contribuyendo al éxito general de la organización.

15.2.2 Los Pilares del Mantenimiento Productivo Total

La implementación del TPM no es una tarea sencilla, especialmente porque no existe un conjunto de pasos rigurosos a seguir que garanticen su éxito. Sin embargo, seguir ciertos conceptos permitirá establecer una base sólida para asegurar su efectividad. La metodología de las 5S se considera la piedra angular de la implementación del TPM. Estas 5S representan cinco disciplinas utilizadas para mantener el espacio de trabajo limpio y ordenado, y es una herramienta universal que puede aplicarse en cualquier situación y entorno. La aplicación de las 5S genera un ambiente de trabajo sereno, al involucrar a los empleados en el compromiso de implementar y practicar una limpieza sistemática. Estos cinco principios son los siguientes:

1. Seiri (Clasificación): La primera S consiste en identificar y clasificar los elementos que serán utilizados y, posteriormente, colocar el resto en los lugares correspondientes. De este modo, se reduce el desperdicio, se crea un área de trabajo segura, se liberan espacios y se visualizan los procesos.

2. Seiton (Orden): Consiste en encontrar un lugar para cada objeto. Para ello, debe establecerse y etiquetarse la ubicación habitual de cada artículo.

3. Seiso (Limpieza): Limpiar el área de trabajo y mantener el orden. Esta actividad elimina la suciedad, fomenta el orgullo por las áreas de trabajo y fortalece los valores de equipo.

4. Seiketsu (Estandarización): Consiste en documentar los procedimientos para que puedan ser repetidos de manera fácil, continua y efectiva. Esto contribuye a que el nuevo personal pueda ser entrenado correctamente. Además, se requieren los recursos apropiados, la definición de personal, documentos y tiempos estándar necesarios para realizar cada tarea.

5. Shitsuke (Sostener): La quinta S trata de formar un hábito de mejora continua de los procedimientos, además de buscar entrenar y disciplinar a las personas sobre la metodología de las 5S.

Por el contrario, la no aplicación de las 5S conduciría directamente hacia las 5D: Retrasos, Defectos, Clientes insatisfechos, Beneficios en declive y Empleados desmoralizados (en inglés *Delays, Defects, Dissatisfied customers, Declining profits* y *Demoralized employees*). La aplicación de las 5S tiene tanta relevancia en la implementación del TPM que se consideran como un pilar adicional.

Una vez que se ha consolidado la aplicación de las 5S en la empresa, el TPM continúa implementándose a través de los conocidos como "Ocho Pilares del TPM". Existe una secuencia lógica que debe seguirse para llevar a cabo la implementación del TPM. Por lo tanto, los pilares deben establecerse en primer lugar. Cabe señalar que la definición de los pilares depende en gran medida de la filosofía y la estructura interna de cada empresa, de manera que se personalizan y adaptan según la cultura organizacional existente y los enfoques propios de la compañía. Estos ocho pilares son:

1. Mantenimiento autónomo (*Jishu Hozen*): Tiene como objetivo lograr un sentido de pertenencia en los operadores de la instalación. Esto contribuye significativamente a la reducción de defectos, ya que el operador se responsabiliza de sus equipos. Algunas de las actividades que deben desarrollarse en esta etapa incluyen: limpieza, lubricación, ajustes, inspecciones visuales y reajustes del equipo de producción.

2. Mejora enfocada (*Kobetsu Kaizen*): Este pilar se centra en aquellas actividades que maximizan la efectividad de los equipos, los procesos y la organización mediante la eliminación de desperdicios, permitiendo mejorar el rendimiento. *Kaizen* significa mejora continua, siendo las 5S uno de los elementos más comunes implementados en la búsqueda de esta mejora continua. El principio detrás de *Kaizen* es que un gran número de pequeñas mejoras resulta más efectivo que algunas mejoras de gran envergadura. Estas mejoras no se limitan únicamente a las áreas de producción, sino que también pueden implementarse en las áreas administrativas.

3. Mantenimiento planificado (*Keikaku Hozen*): El objetivo de este pilar es lograr y mantener fiabilidad, mantenibilidad y disponibilidad de las máquinas, el coste óptimo del mantenimiento, y garantizar siempre la disponibilidad de repuestos. Generalmente, el mantenimiento planificado implica trabajos liderados por técnicos de mantenimiento altamente capacitados. Además, este pilar abarca prácticas como el mantenimiento preventivo, tanto basado en tiempo como en condición y el mantenimiento correctivo.

4. Mantenimiento de Calidad (*Hinshitsu Hozen*): Este pilar se centra en mantener los equipos en óptimas condiciones de funcionamiento, de modo que se entreguen a los clientes productos o servicios de la más alta calidad mediante un funcionamiento de la instalación sin defectos. Este pilar implica la transición de un enfoque reactivo a uno proactivo, evolucionando del control de calidad del producto ya fabricado o servicio ya prestado hacia la garantía de calidad del producto o servicio ofertado.

5. Educación y formación continua: El quinto pilar es fundamental porque en él se genera la comprensión inicial de la importancia del TPM, seguida de la comprensión de los procesos operativos, el funcionamiento de las máquinas y el rigor en los estándares necesario para la aplicación del TPM. El propósito de este pilar es aumentar la moral y experiencia de los operadores y del personal involucrado, proporcionando habilidades y formación técnica.

6. Actividades en departamentos administrativos: Este pilar representa el siguiente paso para los primeros cuatro pilares, los cuales deben ser seguidos para incrementar la productividad y eficiencia de las funciones administrativas mediante la identificación y eliminación de pérdidas. Los objetivos de este pilar incluyen la reducción de pérdidas funcionales, la organización de oficinas altamente eficientes, la provisión de servicios y el soporte a los departamentos de producción, con un enfoque en la organización efectiva del lugar de trabajo y los procedimientos de trabajo estandarizados. Dentro de este pilar se contempla que, los técnicos de proceso especifiquen el tipo de máquina requerida y los técnicos de mantenimiento establezcan las estrategias de mantenimiento más eficientes, garantizando un entorno de trabajo seguro y saludable.

7. Seguridad, Higiene y Medio Ambiente: Este pilar es quien debe garantizar un lugar de trabajo donde haya cero accidentes, cero enfermedades profesionales y cero consecuencias para el medio ambiente. Estas acciones no solo refuerzan la cultura de seguridad dentro de la empresa, sino que también generan un compromiso colectivo hacia la mejora continua en la gestión de riesgos y el cuidado ambiental.

8. Gestión inicial del mantenimiento: El último pilar es responsable de incorporar los conocimientos y habilidades adquiridas al mantener el equipo existente, con el fin de aplicarlas al diseñar o adquirir nuevos equipos. Es esencial considerar varios datos, tales como el rendimiento del equipo, costes del ciclo de vida, fiabilidad, documentación operativa y capacitación del personal.

15.3 Métricas de Rendimiento en el TPM

De las seis grandes pérdidas, solo el tiempo de inactividad se utiliza para calcular la disponibilidad. Otras pérdidas, como las pérdidas por velocidad y defectos, no se consideran en las métricas clásicas de rendimiento. Para representar con precisión las condiciones reales de operación del equipo, las pérdidas generadas por las seis grandes pérdidas deben incluirse en los cálculos. En la Figura 34 se muestra como estas pérdidas contribuyen a la efectividad global del equipo.

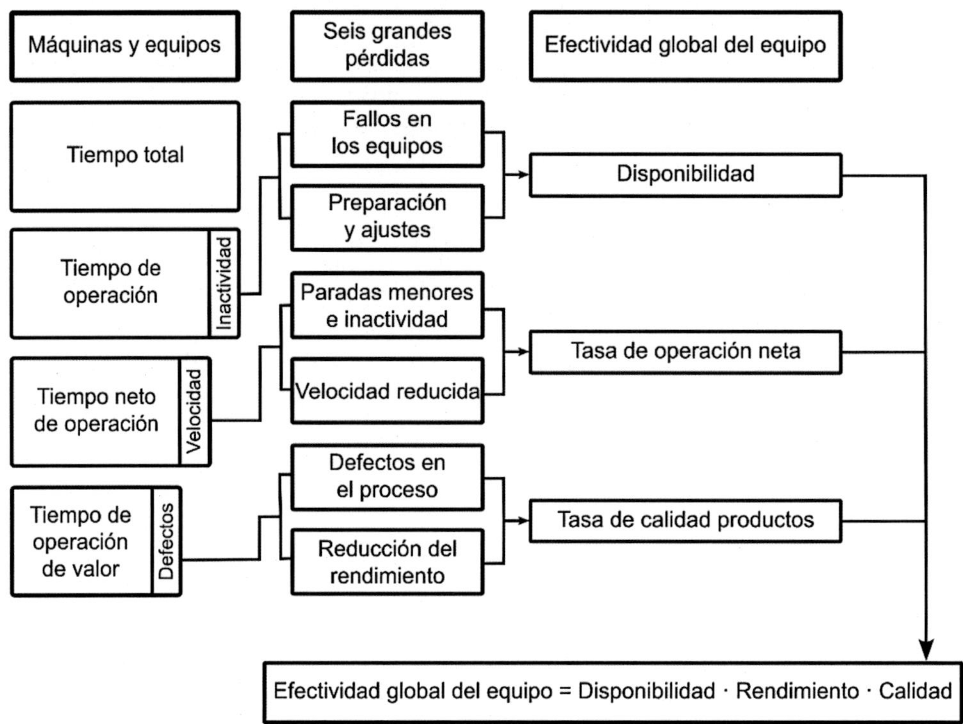

Figura 34 – Factores que contribuyen a la efectividad global del equipo.

Con las pérdidas 1 (fallos en los equipos) y 2 (preparación y ajustes) se obtiene la métrica de disponibilidad, ya reflejada en la Ecuación 18.

Las pérdidas 3 (paradas menores e inactividad) y 4 (velocidad reducida) dan lugar a la eficiencia del rendimiento, que se representa como el producto de la tasa de velocidad de operación y la tasa de operación neta. La tasa de velocidad de operación de un equipo se refiere a la discrepancia entre la velocidad ideal, según su diseño, y su velocidad de operación real, y se obtiene mediante la Ecuación 51:

$$Tasa\ de\ velocidad\ de\ operación = \frac{Tiempo\ teórico\ del\ ciclo}{Tiempo\ real\ del\ ciclo} \qquad (51)$$

Y la tasa de operación neta mide cómo la máquina mantiene una velocidad de operación dada durante un período determinado. Esta cifra no revela si la velocidad real es más rápida o más lenta que la velocidad estándar de diseño, sino que evalúa si la operación se mantiene estable, a pesar de que existan períodos en los que el equipo opera a una velocidad inferior. Para ello, calcula las pérdidas resultantes de las paradas menores registradas, así como aquellas que no se registran, como pequeños problemas y pérdidas por ajustes, como se refleja en la Ecuación 52:

$$Tasa\ de\ operación\ neta = \frac{Nro\ unidades * Tiempo\ real\ del\ ciclo}{Tiempo\ de\ operación} \quad (52)$$

Donde el número de unidades puede tomarse como el número de servicios prestados, en el caso de no ser un proceso productivo. Conociendo la tasa de velocidad de operación y la tasa de operación neta, la eficiencia del rendimiento se calcula mediante la Ecuación 53:

$$Eficiencia\ del\ rendimiento = Tasa\ vel.operación * Tasa\ operación\ neta \quad (53)$$

Y con las pérdidas 5 (defectos en el proceso) y 6 (reducción del rendimiento) se obtendrá la tasa de calidad de los productos, descrita como el porcentaje de productos que cumplen con los estándares de calidad establecidos en comparación con el total de productos fabricados, Ecuación 54:

$$Tasa\ de\ calidad\ productos = \frac{Prod.fabricados - Prod.defectuosos}{Productos\ fabricados} \quad (54)$$

Combinando las Ecuaciones 52, 53 y 54 se obtiene el indicador de efectividad global del equipo (*Overall Equipment Effectiveness*, OEE), que tiene en cuenta las seis grandes pérdidas que identifica el TPM, Ecuación 55.

$$OEE = Disponibilidad * Rendimiento * Calidad \quad (55)$$

Donde un OEE del 100% indicaría que el equipo está funcionando de manera óptima, sin pérdidas de tiempo, sin reducción de velocidad y sin productos o servicios defectuosos. Habitualmente, el TPM recomienda que la tasa OEE sea superior al 85%, con valores de disponibilidad superiores al 90%, de rendimiento superiores al 95% y de calidad por encima del 99%.

15.3.1 Actividades Asociadas con el Éxito del Mantenimiento Productivo Total

Para garantizar que la implantación del TPM en una empresa sea exitosa, existen una serie de factores críticos. Normalmente, estos factores comprenden componentes, elementos constitutivos o áreas clave en las que la organización debe enfocarse para alcanzar sus objetivos, y serán aquellos que deben evaluarse.

En el caso del TPM, hay varios aspectos que se deben observar para asegurar el éxito del programa, entre los cuales se incluyen las contribuciones de los directivos, las transformaciones en la cultura empresarial, la participación de los empleados, las políticas de mantenimiento aplicadas, la formación y las mejoras en los sistemas de la instalación. Estos factores críticos se clasifican haciendo énfasis en dos aspectos principales, el factor humano y el factor operativo.

- Factor Humano

  - Cultura laboral: El desarrollo de una cultura laboral propia facilita la creación de un ambiente que permita a la administración tomar decisiones adecuadas, identificando los puntos críticos que deben mejorarse. En lo relativo al TPM, la cultura laboral puede fortalecerse considerando elementos como la limpieza y organización, la capacitación de los empleados, el registro histórico de datos para cada máquina, la inclusión de las ideas de los operadores al redactar el programa de mantenimiento, y la ejecución de tareas de mantenimiento inicial y planificación.

  - Proveedores: Establecer relaciones sólidas con vendedores y proveedores puede reducir el tiempo de espera para las solicitudes de soporte de maquinaria, acelerar la entrega de repuestos y ofrecer servicios adicionales más allá de las obligaciones contractuales. Algunas de las responsabilidades de los proveedores al ofrecer sus productos o servicios incluyen: proporcionar manuales, ofrecer asesoramiento técnico, establecer las condiciones de las garantías para los equipos vendidos, realizar la instalación y puesta en marcha de la maquinaria, y ofrecer programas de capacitación.

- Clientes: En un mercado competitivo, el papel de los clientes ha sido fundamental en la adopción del TPM en la industria, ya que las empresas están cada vez más centradas en mejorar sus servicios para satisfacer las necesidades y demandas de los clientes. Aplicar una estrategia de mantenimiento deficiente provocaría paradas en los equipos que, como consecuencia, dificultarían el cumplimiento de los contratos establecidos con los clientes. Aspectos como la satisfacción del cliente y los costes asociados a un incumplimiento en los pedidos deben ser considerados.

- Factor Operativo

  - Implementación del mantenimiento preventivo: En el pasado, la ejecución del mantenimiento preventivo se consideraba una actividad que no aportaba valor al proceso industrial. Sin embargo, hoy en día, es un requisito esencial para aumentar el ciclo de vida de la maquinaria y los equipos utilizados en la industria. En general, el mantenimiento preventivo ayuda a reducir las reparaciones inesperadas, incluso cuando la tasa de fallos aumenta.

  - Estado tecnológico: Hoy en día, la estrategia de fabricación está cambiando rápidamente, y las estrategias innovadoras se han vuelto vitales. Todas las organizaciones están interesadas en adoptar tecnologías avanzadas de fabricación para producir productos de alta calidad a bajo coste y con el tiempo de entrega más corto posible.

  - Disposición: La disposición de las instalaciones es fundamental, ya que puede maximizar el rendimiento de la planta y minimizar los errores. Un diseño efectivo de la disposición se logra mediante la implementación de ideas como la proximidad entre procesos y maquinaria, la distribución de la planta para facilitar el mantenimiento y la señalización adecuada de la maquinaria.

  - Gestión de almacenes: Una de las claves del éxito del TPM es la capacidad de reducir inventarios. Para lograr esto de manera efectiva, es necesario mantener una limpieza y organización adecuadas en el almacén, realizar una codificación apropiada de materiales y piezas, y llevar un registro de los cambios en la ubicación de componentes y herramientas.

15.4 Beneficios del Mantenimiento Productivo Total

Desde que Seiichi Nakajima propusiera la metodología TPM en 1971, se ha demostrado ampliamente que este enfoque ofrece diversos beneficios a las empresas cuando se implementa de manera adecuada. Los beneficios obtenidos de su aplicación pueden variar en función de diversos factores, como el tipo de empresa, el tiempo de implementación del TPM e incluso el nivel de compromiso de la propia organización. En términos generales, los beneficios derivados de su implementación afectan tanto a la empresa en su conjunto, como a su productividad y seguridad:

- Beneficios para la empresa: Ayudan a la empresa en general y proporcionan un mejor ambiente laboral tanto para los empleados como para los socios de la empresa.

    - Ambiente de trabajo: Con el TPM, el trabajo de limpieza simple se transforma en estándares de alta calidad para la empresa, en consecuencia, mejora el ambiente laboral.

    - Moral de los empleados: Uno de los objetivos fundamentales del TPM es mejorar la moral de los empleados y su satisfacción laboral. Para ello, el compromiso de la dirección durante la implementación del TPM es fundamental, ya que mantiene alta la moral del equipo, fomenta la continuidad en el trabajo y demuestra que la dirección de la empresa se toma en serio los resultados del TPM.

    - Cultura de trabajo: La implementación efectiva del TPM, en primera instancia, requiere un cambio tanto en la cultura como en el comportamiento de todos los empleados de la empresa.

    - Cultura de aprendizaje: Empoderar a la fuerza laboral fomenta el desarrollo de habilidades técnicas. Además, la promoción de equipos multifuncionales crea una fuerza laboral que mejora la competitividad de la empresa.

    - Redes de comunicación: Además de los demás beneficios, también se logra una mejora significativa en la disponibilidad y el rendimiento de los equipos dentro de la instalación, así como una mejor comunicación entre los empleados.

- Beneficios sobre la productividad: El TPM propone actividades que permiten aumentar el rendimiento y la fiabilidad de la maquinaria. Gracias a ello, la reducción de defectos se traduce en una mejor calidad de los productos.

  - Fiabilidad y disponibilidad de equipos: Uno de los principales objetivos del TPM es mejorar la fiabilidad y el rendimiento de los equipos.

  - Costes de mantenimiento: La reducción de costes se explica de manera que, si se producen más productos con el mismo equipo, el coste de cada unidad disminuye.

  - Calidad del producto: Evitar las averías de los equipos y estandarizarlos produce menos variabilidad y aumenta la calidad de los productos.

  - Tecnología: El TPM mejora la base tecnológica de la instalación y contribuye a mejorar el rendimiento de la manufactura.

  - Competitividad: El operador asume la responsabilidad principal del cuidado de sus máquinas, lo que fomenta un sentido de propiedad. Mediante el mantenimiento autónomo y la ejecución de tareas de conservación, se logran mejoras en el rendimiento local de cada equipo.

- Beneficios para la seguridad: La seguridad es un componente fundamental en las instalaciones industriales. Un entorno seguro contribuye a que el personal se sienta más cómodo y pueda desempeñar sus tareas de manera más eficiente. Además, el TPM no solo mejora la seguridad laboral, sino que también promueve el compromiso de los trabajadores con la protección del medio ambiente.

  - Condiciones ambientales: Los planes estratégicos de TPM influyen significativamente en los resultados finales. Además de reducir los costes de mantenimiento, el TPM contribuye a la disminución de los costes operativos y favorece la creación de entornos de trabajo seguros y ambientalmente sostenibles.

  - Cultura de prevención de accidentes: Las actividades de promoción de la seguridad contribuyen en gran medida a mejorar la seguridad en el trabajo.

- Identificación y resolución de problemas: Con la implementación del TPM, el personal desarrolla habilidades y un sentido de resolución de problemas.

15.5 Limitaciones y Retos del Mantenimiento Productivo Total

A pesar de los numerosos beneficios que ofrece, la implementación del TPM puede enfrentar desafíos que podrían llevar a la empresa a reconsiderar su adopción:

- Resistencia al cambio: La implementación del TPM requiere una transformación cultural dentro de la organización, lo cual puede representar un desafío si los empleados muestran reticencia a modificar sus hábitos y prácticas laborales.

- Costes iniciales altos: Aunque el TPM genera ahorros a largo plazo, su adopción implica una inversión significativa en capacitación, adquisición de nuevas tecnologías, herramientas y equipos de mantenimiento, lo que puede suponer una carga económica considerable en el corto plazo.

- Necesidad de compromiso a largo plazo: El éxito del TPM depende del compromiso constante de todos los niveles de la organización. En ocasiones, las empresas enfrentan dificultades para mantener la motivación y la coherencia en los esfuerzos de los empleados a lo largo del tiempo.

- Falta de formación adecuada: Si no se proporciona una formación adecuada y oportuna a los trabajadores, estos no estarán capacitados para realizar las tareas de mantenimiento autónomo, lo que puede comprometer la eficacia del TPM.

- Integración con otros sistemas de gestión: El TPM puede necesitar integrarse con otros sistemas de gestión ya implementados en la empresa, lo cual puede generar desafíos en la coordinación de procesos y la gestión de recursos.

- Mantenimiento de equipos obsoletos: Empresas con maquinaria obsoleta, la implementación del TPM puede resultar más compleja, ya que el mantenimiento preventivo y predictivo podría no ser tan eficaz si los equipos no están en condiciones adecuadas para funcionar de manera óptima.

Capítulo 16
Gestión de Mantenimiento Asistida por Ordenador

Aunque los ordenadores ya se habían implementado previamente en algunas industrias, a partir de 1970 la informática comenzó a integrarse de manera progresiva en las empresas, incluyendo la gestión del mantenimiento. En la actualidad, prácticamente todas las organizaciones utilizan un sistema informatizado de gestión del mantenimiento (*Computerized Maintenance Management System*, CMMS), también conocido en español como Gestión de Mantenimiento Asistida por Ordenador (GMAO). Este tipo de herramienta informática se emplea para supervisar los procesos de mantenimiento de instalaciones y equipos, así como para planificar, organizar y controlar las actividades relacionadas con el Departamento de Mantenimiento. Además, el GMAO es fundamental para la implementación de técnicas como el RCM y el TPM.

En la evolución histórica de los sistemas de soporte y organización para la gestión del mantenimiento, se pueden identificar tres etapas:

1. Sistema manual: Los datos y la información se recopilaban manualmente y se almacenaban en tarjetas o libros de registro. Con frecuencia, estos datos no se recolectaban ni almacenaban adecuadamente, lo que conducía a la pérdida de información valiosa.

2. GMAO: La transición del sistema manual a uno informatizado fue impulsada por la combinación de dos tecnologías clave: la informática y la sensórica. Esta última tiene como característica principal la generación de datos en función del estado de los componentes del equipo y su conversión en señales digitales, interpretables por los ordenadores. Estas tecnologías permitieron el almacenamiento y análisis de grandes volúmenes de datos, tanto los recopilados por sensores como los introducidos manualmente por los usuarios. Esto facilitó la creación de estadísticas y gráficas que apoyan los procesos de toma de decisiones. Con el crecimiento del uso de los sistemas informatizados en la industria, los desarrolladores de software comenzaron a crear herramientas GMAO especializadas para responder a las necesidades del mantenimiento.

3. Mantenimiento electrónico: Como evolución y complemento de los sistemas GMAO, las tecnologías de la información y la comunicación (TIC) facilitaron el procesamiento centralizado de datos provenientes de objetos similares distribuidos geográficamente, con el apoyo de expertos en tiempo real para una toma de decisiones más eficaz. En esta etapa, el énfasis se desplazó hacia los programas de gestión del conocimiento, con el propósito de capturar el conocimiento implícito y la experiencia acumulada de los trabajadores de mantenimiento. Otros enfoques destinados a gestionar este conocimiento incluyen sistemas expertos para el diagnóstico de fallos en equipos y técnicas de análisis de datos históricos de mantenimiento para identificar las causas de fallos.

La Tabla 10 muestra la evolución de los sistemas de Gestión de Mantenimiento Asistida por Ordenador:

Tabla 10 – Evolución histórica de los sistemas de Gestión del Mantenimiento Asistido por Ordenador.

Década	Generación	Características
1970	Primera	Registro y administración de datos Programación limitada de actividades de mantenimiento Sistema autónomo (no conectado)
1980	Segunda	Gestión de órdenes de trabajo Conexión con otros sistemas (gestión de repuestos, financieros, recursos humanos)
1990	Tercera	Monitorización de activos Gestión del conocimiento y apoyo a la toma de decisiones
2000	Industria 4.0	Gran número de sensores por equipo Capacidad analítica mejorada
2020	Inteligencia Artificial	Aprendizaje automático y predicción del fallo

16.1 Implantación de la Gestión de Mantenimiento Asistida por Ordenador

La primera cuestión al analizar la funcionalidad del GMAO en una instalación sería determinar si realmente es útil y necesario para la gestión de los activos. Aunque la gestión podría llevarse a cabo de manera manual, la complejidad de los equipos, el número de máquinas dentro de una instalación y la facilidad con la que se pueden extraer indicadores hacen del GMAO una herramienta esencial en cualquier instalación industrial.

Un programa de GMAO comercial ofrece diversas funcionalidades y puede adaptarse a cualquier organización industrial o comercial con modificaciones menores. De este modo, el software se ajustará a las necesidades específicas de mantenimiento de la instalación.

Los principales beneficios que presenta la utilización del GMAO son:

- Gestión del ciclo de vida de los activos de la instalación.
- Planificación y programación del mantenimiento proactivo.
- Gestión de inventarios, optimizando su uso y reduciendo desperdicios.
- Obtención y seguimiento de los indicadores clave de rendimiento.
- Reducción de averías y paradas no planificadas.

Todos estos beneficios podrían resumirse en una mayor fiabilidad de la planta y un mejor control de costes, principalmente a través de una mejora en la gestión de la información. Tras la reducción de averías como primer beneficio, el segundo más importante sería el proporcionar informes fácilmente accesibles. Esto es uno de los valores añadidos del GMAO que proporciona información valiosa que, en muchas ocasiones, no estaría disponible de otra forma, y permite a directivos y mandos intermedios tomar decisiones informadas y optimizar los procesos de mantenimiento.

Al implantar el GMAO en la instalación, se debe optar por una de las siguientes opciones: desarrollo interno, adquisición de un programa GMAO comercial a un proveedor externo o una combinación de desarrollo interno e integración de herramientas de proveedores externos. Para tomar la decisión más adecuada, es necesario evaluar las necesidades específicas de la empresa.

Dependiendo de estas, el GMAO podrá realizar las siguientes tareas:

- Control del registro de activos mantenibles de la empresa.
- Control de la contabilidad de los activos, el precio de compra, las tasas de depreciación, etc.
- Gestión de garantías y seguros.
- Proporcionar evidencia documentada de conformidad con las Normas ISO (por ejemplo, la UNE-ISO 55000 - *Gestión de activos. Aspectos generales, principios y terminología*).
- Programar rutinas de mantenimiento preventivo.
- Control de los procedimientos de mantenimiento preventivo y la documentación asociada.
- Control de las órdenes de trabajo y la documentación de los trabajos de mantenimiento planificados y no planificados.
- Organizar la base de datos del personal de mantenimiento, incluyendo los horarios del personal.
- Control del inventario.
- Proporcionar herramientas para la evaluación comparativa del rendimiento del mantenimiento.
- Integración con otros sistemas empresariales.

Una vez decidido el tipo de GMAO a implementar y las funcionalidades que deben estar presentes para la gestión de los activos de la instalación se debe proceder a la implantación propiamente dicha del software. Esta, no se limita únicamente a la instalación del programa en los ordenadores de la empresa, sino que también se deben establecer los mecanismos adecuados para la recolección de datos, adiestrar al personal en su uso y auditar su rendimiento.

16.2 Elementos de la Gestión de Mantenimiento Asistida por Ordenador

En términos generales, un GMAO se compone de cuatro elementos interrelacionados: la base de datos, donde se almacenan los parámetros y tendencias de los equipos; las herramientas de planificación y análisis de datos, que facilitan la toma de decisiones; y la interfaz de usuario, que permite al personal interactuar con el programa. La calidad de un sistema GMAO se puede evaluar en función de lo bien que estén implementados estos cuatro componentes, siendo el objetivo contar con un programa capaz de almacenar una gran cantidad y diversidad de datos, al mismo tiempo que permita realizar análisis de manera fácil e intuitiva.

16.2.1 Base de Datos

La base de datos del GMAO almacena información que, al ser gestionada de manera eficiente, permite mejorar la planificación y ejecución de las actividades de mantenimiento en una organización. Los tipos de datos que se recogen en la base de datos son los siguientes:

- Registro de activos: Contiene los detalles completos de cada activo, como el número de activo, el departamento al que pertenece, el nombre del activo, el modelo, número de serie, ubicación, proveedor, planos y listado de repuestos, entre otros. Esta información es fundamental para la correcta gestión y seguimiento de los equipos.

- Personal de mantenimiento: Aunque es opcional y puede no ser muy útil en empresas con alta rotación de personal, esta parte de la base de datos almacena información sobre las habilidades y competencias del personal de mantenimiento, lo que facilita la asignación de tareas según la experiencia y capacidad del trabajador.

- Procedimientos de mantenimiento: Incluye datos sobre los procedimientos de mantenimiento preventivo y predictivo, además de información sobre todas las pruebas realizadas a los activos mantenibles. Este registro ayuda a asegurar que las intervenciones se realicen según los protocolos establecidos y contribuye a mantener la fiabilidad de los equipos.

- Condición de equipos: Se recoge el histórico de indicadores clave de rendimiento, basado en los informes de inspección de los activos. Esta información es útil para determinar el estado de los equipos y predecir fallos o necesidades de mantenimiento.

- Historial de mantenimiento: Para cada activo, se documenta tanto el aspecto técnico como el económico relacionado con el mantenimiento realizado. Esto incluye información sobre las reparaciones, costes y tiempos de inactividad de los equipos.

La base de datos debe ser mantenida y gestionada adecuadamente para que sea útil al Departamento de Mantenimiento. Esto implica actualizar constantemente los archivos, así como administrar la base de datos y garantizar la recuperación eficiente de la información.

Para optimizar el uso del GMAO, es fundamental que la base de datos esté integrada con la base de datos corporativa. Esta integración es esencial para apoyar la toma de decisiones estratégicas por parte de la dirección y las decisiones operacionales de los mandos intermedios. Dicho proceso requiere un flujo adecuado de información entre diversos departamentos, como el de gestión de materiales y compras, encargado de la administración de repuestos; el departamento de recursos humanos, responsable de definir el número de personal de mantenimiento y su capacitación; y el departamento de producción, encargado de programar las paradas de mantenimiento.

16.2.2 Herramientas y Técnicas

El GMAO implementa diversos modelos que generan los indicadores clave de rendimiento necesarios para apoyar la toma de decisiones a nivel estratégico y operativo. El usuario del sistema podrá seleccionar entre los diferentes modelos disponibles y estimar valores a partir de los datos almacenados. En caso de no disponer de suficientes datos históricos, el GMAO deberá deshabilitar esta herramienta o proporcionar valores predeterminados conservadores. Frecuentemente, los requisitos de las nuevas máquinas exigen la integración de varios modelos para encontrar una solución a problemas específicos. Además, el GMAO deberá permitir la actualización y la incorporación de nuevos modelos al sistema.

Para lograr una toma de decisiones óptima, es necesario contar con una variedad de herramientas para el análisis de datos, la creación de modelos y la evaluación de los mismos. Algunos componentes del GMAO pueden incluir paquetes estadísticos comerciales estándar, mientras que, en ocasiones, será preciso incorporar paquetes personalizados que realicen análisis específicos.

Además, el GMAO debe integrar herramientas de gestión de tareas y elaboración de informes para:

- Ver trabajos pendientes: Esta función permite a los responsables de mantenimiento revisar las órdenes de trabajo pendientes, con la opción de mostrar la lista clasificada según criterios como departamento, especialización, tipo de trabajo, entre otros.

- Informes: La calidad de los informes generados por el sistema dependerá directamente de la información ingresada. Un sistema eficaz proporciona información detallada para el análisis de fallos, costes, estadísticas de trabajo, entre otros aspectos.

- Informes de trabajos no planificados: Esta herramienta permitirá la elaboración de informes sobre las acciones de mantenimiento correctivo. Generalmente, incluirá la identificación del activo, el nombre de la persona responsable y detalles sobre el fallo y las acciones correctivas implementadas.

16.3.2 Sistema de Soporte a la Decisión

Los datos provenientes de diversas fuentes (mantenimiento, sensores en campo, operación de la instalación, proveedores, entre otros) son fundamentales para la toma de decisiones a niveles estratégico y operativo. Algunas de las herramientas del GMAO que apoyan este proceso son:

- Programación del mantenimiento: El calendario de mantenimientos preventivo y predictivo debe contar con una configuración flexible, en la que cada activo tenga un perfil de mantenimiento claramente definido. Este perfil debe incluir detalles como la frecuencia del mantenimiento, las habilidades requeridas del personal de mantenimiento y los procedimientos específicos para llevar a cabo las tareas de mantenimiento.

- Gestión de inventarios: Esta herramienta se encarga de la gestión del inventario de repuestos, facilitando la toma de decisiones relacionadas con los niveles de existencias, las órdenes de compra y su logística.

- Métricas de mantenimiento e índices de rendimiento: Como se mencionó anteriormente, estas métricas son esenciales para evaluar el desempeño del mantenimiento en la instalación. Su análisis genera conocimiento valioso para la mejora continua de las operaciones de mantenimiento.

16.3.4 Interfaz de Usuario

Para que un GMAO sea eficazmente utilizado por el personal de la empresa, existen dos requisitos clave, la interfaz de usuario y la interfaz de la aplicación. La interfaz de usuario facilita el flujo de información entre el usuario y el GMAO, permitiendo que el personal de la instalación interactúe de manera eficiente con el sistema. Por otro lado, la interfaz de la aplicación actúa como un enlace entre diversos programas y bases de datos externas, que pueden ser consultados para resolver problemas, cargar datos en el GMAO o descargar información de este.

16.4 Limitaciones de la Gestión de Mantenimiento Asistida por Ordenador

Aunque la implantación del GMAO puede generar importantes beneficios para el Departamento de Mantenimiento, también presenta ciertas limitaciones. Los programas informáticos pueden no impactar en algunas tareas de mantenimiento o, incluso, agregar complicaciones. Al implementar un GMAO en una instalación, es determinante considerar las siguientes precauciones:

- Procesos defectuosos: El inconveniente más evidente de la informatización es la automatización de un proceso defectuoso. Informatizar un proceso de mantenimiento deficiente no contribuirá a mejorar el mantenimiento.

- Fiabilidad: Otra preocupación significativa es la fiabilidad del sistema informático en el que se ejecuta el software de GMAO. La caída del sistema puede deberse al propio paquete GMAO, al equipo informático de la planta o a una combinación de ambos. Cuanto más dependa una planta del GMAO para las funciones diarias de mantenimiento, mayor debe ser su disponibilidad. Esto implica que tanto los ordenadores como las redes deben estar instalados con redundancias. No es aceptable que el sistema informático se caiga de forma rutinaria mientras el personal intenta utilizar el GMAO para realizar sus tareas. Además, es fundamental que el personal de mantenimiento tenga suficiente conocimiento de sus actividades para continuar trabajando en caso de una interrupción del sistema.

- Protección de datos: A medida que la planta dependa más del GMAO, sus datos y conocimientos estarán más expuestos. Es esencial proteger las bases de datos del GMAO contra la corrupción y pérdida de datos.

- Asignación de costes: Las estimaciones del planificador, las horas registradas en las hojas de tiempo de los empleados y las horas reflejadas en las órdenes de trabajo devueltas pueden diferir entre sí. El GMAO solo trabaja con los datos ingresados, por lo que, si estos son incorrectos, el análisis será erróneo. Los usuarios de los informes deben ser conscientes de las posibles deficiencias del análisis realizado a partir de datos informáticos.

- Métricas innecesarias: Los paquetes comerciales de GMAO incluyen una gran cantidad de modelos y métricas que pueden tentar a los responsables de la empresa a evaluar indicadores no relevantes para su sector o tipo de negocio. Observar métricas irrelevantes puede desperdiciar el tiempo del personal.

- Aprendiz de todo, maestro de nada: Un software que intente abarcar todas las áreas puede no ser particularmente eficiente en ninguna de ellas. Los programas de GMAO suelen manejar bien ciertas áreas, como las bases de datos de historial de equipos y órdenes de trabajo. Sin embargo, en otros módulos, como el mantenimiento predictivo o la calibración de instrumentos, la utilidad del software puede ser limitada. Es importante mantener la perspectiva del beneficio que aporta a la instalación contar con software especializado en tareas específicas, además del GMAO. No se deben sacrificar las ventajas del software especializado por el hecho de tener un GMAO que intente cubrir todas las áreas.

- Coste y logística: La implantación de un GMAO no es un proceso rápido; ni el ordenador con el programa estará operativo al día siguiente, ni los empleados estarán familiarizados con su uso de inmediato. La selección, compra e implementación de un GMAO son aspectos críticos. Implementar un GMAO puede ser costoso y llevar mucho tiempo. Un aspecto que sorprende a muchas empresas es que el precio de compra representa solo una fracción de la inversión total. El personal encargado de instalar y administrar el sistema dedica una gran cantidad de tiempo a estas tareas, lo que genera un coste adicional. Además, los equipos informáticos deben actualizarse, ya sea inicialmente o con el tiempo, y los proveedores de software actualizan sus productos de manera continua. Generalmente, la empresa debe pagar una tarifa anual de licencia para acceder a las actualizaciones y el soporte técnico.

En conclusión, un GMAO organiza la información y automatiza diversas tareas rutinarias, lo que libera tiempo al personal de mantenimiento para otras actividades, pero no reemplazará las buenas prácticas ni la gestión del mantenimiento. Asimismo, un GMAO no asignará trabajo a individuos o grupos específicos; esta responsabilidad recae en los mandos del Departamento de Mantenimiento.

Bibliografía

Abernethy, R. B. (2010). The New Weibull Handbook 5th edition (5th Edition).

Allen, T. M. (2001). U.S. Navy Analysis of Submarine Maintenance Data and the Development of Age and Reliability Profiles. Department of the Navy SUBMEPP, 1–15.http://www.plant-maintenance.com/articles/SubmarineMaintenanceDataRCM .pdf

Ascher, H., Ireson, W. G., & Coombs, C. F. (1989). Handbook of Reliability Engineering and Management. In Technometrics (Vol. 31, Issue 4). McGraw-Hill. https://doi.org/10.2307/1270012

Becker, Christopher D. Wickens, John Lee, Yili Liu, S. G. (2003). Introduction to Human Factors Engineering. In Navigation and Vessel Inspection Circulars (NVIC) (2nd Edition, Issue No. 4-89). Prentice Hall.

Ben-Daya, M., Duffuaa, S. O., Knezevic, J., Ait-Kadi, D., & Raouf, A. (2009). Handbook of maintenance management and engineering. In M. Ben-Daya, S. O. Duffuaa, A. Raouf, J. Knezevic, & D. Ait-Kadi (Eds.), Handbook of Maintenance Management and Engineering. Springer London. https://doi.org/10.1007/978-1-84882-472-0

Ben-Daya, M., Kumar, U., & Murthy, D. N. P. (2016). Introduction to Maintenance Engineering. In Introduction to Maintenance Engineering: Modelling, Optimization and Management (Vol. 11, Issue 1). Wiley. https://doi.org/10.1002/9781118926581

Blanchard, B. S. (2004). Logistics Engineering and Management. Pearson Prentice Hall.

Blanchard, B. S., & Fabrycky, W. J. (2010). Systems Engineering and Analysis. In Prentice-Hall International Series in Industrial and Systems Engineering (5th Edition). Pearson.

Blischke, W. R., Karim, M. R., & Murthy, D. N. P. (2011). Warranty Data Collection and Analysis. Springer London. https://doi.org/10.1007/978-0-85729-647-4

Bloom, N. B. (2006). Reliability centered maintenance: Implementation made simple.

Crosby, P. B. (1979). Quality is Free. McGraw-Hill.

Davis, D. J. (1952). An Analysis of Some Failure Data. Journal of the American Statistical Association, 47(258), 113. https://doi.org/10.2307/2280740

Deming, W. E. (2018). Out of the Crisis. In Out of the Crisis. The MIT Press. https://doi.org/10.7551/mitpress/11457.001.0001

Dhillon, B. S. (1989). Human errors: A review. Microelectronics Reliability, 29(3), 299–304. https://doi.org/10.1016/0026-2714(89)90612-4

Dhillon, B. S. (1992). Failure modes and effects analysis — Bibliography. Microelectronics Reliability, 32(5), 719–731. https://doi.org/10.1016/0026-2714(92)90630-4

Dhillon, B. S. (2006). Maintainability, Maintenance, and Reliability for Engineers. In Maintainability, Maintenance, and Reliability for Engineers. CRC Press. https://doi.org/10.1201/9781420006780

Díaz-Reza, J. R., García-Alcaraz, J. L., & Martínez-Loya, V. (2019). Impact Analysis of Total Productive Maintenance. Springer International Publishing. https://doi.org/10.1007/978-3-030-01725-5

Fabrycky, W. J., & Blanchard, B. S. (1991). Life-Cycle Cost and Economic Analysis. In Inc., NJ, USA. Prentice Hall.

Foucher, B., Boullié, J., Meslet, B., & Das, D. (2002). A review of reliability prediction methods for electronic devices. Microelectronics Reliability, 42(8), 1155–1162. https://doi.org/10.1016/S0026-2714(02)00087-2

Gullo, L. J., & Dixon, J. (2017). Design for Safety. Wiley.

Gullo, L. J., & Dixon, J. (2021). Design for Maintainability. In L. J. Gullo & J. Dixon (Eds.), Design for Maintainability. Wiley. https://doi.org/10.1002/9781119578536

Henley, E. J., & Kumamoto, H. (1981). Reliability Engineering and Risk Assessment. Prentice-Hall.

Kleyner, A. (2010). Determining Optimal Reliability Targets. Lambert Academic Publishing.

Kobbacy, K. A. H., & Murthy, D. N. P. (2008a). Complex System Maintenance Handbook. In Complex System Maintenance Handbook. Springer London. https://doi.org/10.1007/978-1-84800-011-7

Kobbacy, K. A. H., & Murthy, D. N. P. (2008b). Complex System Maintenance Handbook. In Complex System Maintenance Handbook. Springer London. https://doi.org/10.1007/978-1-84800-011-7

Mahar, D. J., & Wilbur, J. W. (1990). Fault Tree Analysis Application Guide. U.S. Reliability Analysis Center.

Marino, L. C. (2018). Level of Repair Analysis for the Enhancement of Maintenance Resources in Vessel Life Cycle Sustainment. The George Washington University.

Mobley, R K. (2013). An Introduction to Predictive Maintenance (2nd Edition). Butterworth-Heinemann.

Mobley, R Keith (Ed.). (2014). Maintenance Engineering Handbook (8th Edition). McGraw-Hill Education.

https://www.accessengineeringlibrary.com/content/book/9780071826617

Morrow, L. C. (Ed.). (1957). Maintenance Engineering Handbook (1st Edition). McGraw-Hill.

Moubray, J. (1996). Reliability Centered Maintenance.

Murthy, D. N. P., & Blischke, W. R. (2006). Warranty Management and Product Manufacture. In Warranty Management and Product Manufacture. Springer-Verlag. https://doi.org/10.1007/1-84628-258-6

Murthy, D. N. P., & Jack, N. (2014). Extended Warranties, Maintenance Service and Lease Contracts. Springer London. https://doi.org/10.1007/978-1-4471-6440-1

Nakajima, S. (1988). Introduction to TPM: Total Productive Maintenance. Productivity Press.

NASA. (2008). RCM Guide For Facilities and Collateral Equipment. In National Aeronautics and Space Administration. CreateSpace Independent Publishing Platform. https://www.nasa.gov/sites/default/files/atoms/files/nasa_rcmguide.pdf

Nowlan, F. S., & Heap, H. F. (1978). Reliability Centered Maintenance. Dolby Access Press.

Olsen, A. A. (2024). Equipment Conditioning Monitoring and Techniques. In Equipment Conditioning Monitoring and Techniques. Springer Nature Switzerland. https://doi.org/10.1007/978-3-031-57781-9

Palady, P. (1995). Failure Modes & Effects Analysis (1st Edition). PT Pubns.

Palmer, R. D. (2004). Maintenance Planning and Scheduling Handbook. In The McGraw-Hill Companies. McGraw Hill. https://doi.org/10.1036/0071457666

Stamatis, D. H. (2003). Failure Mode and Effect Analysis: FMEA From Theory to Execution. ASQ Quality Press.

Suzuki, T. (1994). TPM in Process Industries.

Umeda, Y., Tomiyama, T., & Yoshikawa, H. (1995). A Design Methodology for Self-Maintenance Machines. Journal of Mechanical Design, 117(3), 355–362. https://doi.org/10.1115/1.2826688

US Department of Defense. (2005). DOD Guide for Achieving Reliability, Availability, and Maintainability.

US Department of Defense. (2008). Condition Based Maintenance Plus DoD Guidebook.

Voelkel, J. G., & Ishikawa, K. (1989). Guide to Quality Control. Technometrics, 31(2), 260. https://doi.org/10.2307/1268827

Weibull, W. (1951). A Statistical Distribution Function of Wide Applicability. Journal of Applied Mechanics, 18(3), 293–297. https://doi.org/10.1115/1.4010337

Normativa

Asociación Española de Normalización y Certificación (AENOR). (2003). UNE-EN ISO 10012. Sistemas de gestión de las mediciones. Requisitos para los procesos de medición y los equipos de medición.

Asociación Española de Normalización y Certificación (AENOR). (2006). UNE-EN ISO 14040. Gestión ambiental. Análisis del ciclo de vida. Principios y marco de referencia.

Asociación Española de Normalización y Certificación (AENOR). (2008). UNE-EN 12385-1. Cables de acero. Seguridad. Parte 1: Requisitos generales.

Asociación Española de Normalización y Certificación (AENOR). (2009a). UNE-EN 12385-2. Cables de acero. Seguridad. Parte 2: Definiciiones, designación y clasificación.

Asociación Española de Normalización y Certificación (AENOR). (2009b). UNE-EN 60706-3. Mantenibilidad de equipos. Parte 3: Verificación y recogida, análisis y presentación de datos.

Asociación Española de Normalización y Certificación (AENOR). (2009c). UNE-EN ISO 3452-5. Ensayos no destructivos. Ensayo por líquidos penetrantes. Parte 5: Ensayo por líquidos penetrantes superiores a 50 oC.

Asociación Española de Normalización y Certificación (AENOR). (2009d). UNE-EN ISO 3452-6. Ensayos no destructivos. Ensayo por líquidos penetrantes. Parte 6: Ensayo por líquidos penetrantes inferiores a 10 oC.

Asociación Española de Normalización y Certificación (AENOR). (2011a). UNE-EN 60706-5. Mantenibilidad de equipos. Parte 5: Facilidad de ensayo y ensayos de diagnóstico.

Asociación Española de Normalización y Certificación (AENOR). (2011b). UNE-EN 61025. Análisis por árbol de fallos (AAF).

Asociación Española de Normalización y Certificación (AENOR). (2013). UNE-EN 60300-3-11. Gestión de la confiabilidad. Parte 3-11: Guía de aplicación. Mantenimiento centrado en la fiabilidad.

Asociación Española de Normalización y Certificación (AENOR). (2015a). UNE-EN 16646. Mantenimiento. Mantenimiento en la gestión de los activos físicos. www.aenor.es

Asociación Española de Normalización y Certificación (AENOR). (2015b). UNE-EN 62740. Análisis de causa raíz (RCA).

Asociación Española de Normalización y Certificación (AENOR). (2015c). UNE-EN ISO 14001. Sistemas de gestión ambiental. Requisitos con orientación para su uso.

Asociación Española de Normalización y Certificación (AENOR). (2015d). UNE-EN ISO 9001. Sistemas de gestión de la calidad. Requisitos.

Asociación Española de Normalización y Certificación (AENOR). (2015e). UNE-ISO 55000. Gestión de activos. Aspectos generales, principios y terminología.

Asociación Española de Normalización y Certificación (AENOR). (2015f). UNE-ISO 55001. Gestión de activos. Sistemas de gestión. Requisitos.

Asociación Española de Normalización y Certificación (AENOR). (2015g). UNE 15896. Gestión de compras de valor añadido.

Asociación Española de Normalización y Certificación (AENOR). (2016a). UNE-EN 13269. Guía para la preparación de contratos de mantenimiento.

Asociación Española de Normalización y Certificación (AENOR). (2016b). UNE-EN ISO 14224. Industrias del petróleo, petroquímicas y del gas natural. Recogida e intercambio de datos de mantenimiento y fiabilidad de los equipos.

Asociación Española de Normalización y Certificación (AENOR). (2016c). UNE-EN ISO 9934-2. Ensayos no destructivos. Ensayo por partículas magnéticas. Parte 2: Medio de detección.

Asociación Española de Normalización y Certificación (AENOR). (2016d). UNE-EN ISO 9934-3. Ensayos no destructivos. Ensayo por partículas magnéticas. Parte 3: Equipos.

Asociación Española de Normalización y Certificación (AENOR). (2017a). UNE-EN 61882. Estudios de peligros y operatividad (estudios HAZOP). Guía de aplicación.

Asociación Española de Normalización y Certificación (AENOR). (2017b). UNE-EN ISO 9934-1. Ensayos no destructivos. Ensayo por partículas magnéticas. Parte 1: Principios generales.

Asociación Española de Normalización y Certificación (AENOR). (2018a). UNE-EN 13306. Mantenimiento. Terminología del mantenimiento.

Asociación Española de Normalización y Certificación (AENOR). (2018b). UNE-EN 17007. Proceso de mantenimiento e indicadores asociados.

Asociación Española de Normalización y Certificación (AENOR). (2018c). UNE-EN IEC 60812. Análisis de los modos de fallo y de sus efectos (AMFE y AMFEC).

Asociación Española de Normalización y Certificación (AENOR). (2018d). UNE-EN ISO/IEC 17025. Requisitos generales para la competencia de los laboratorios de ensayo y calibración.

Asociación Española de Normalización y Certificación (AENOR). (2018e). UNE-EN ISO 50001. Sistemas de gestión de la energía. Requisitos con orientación para su uso. https://www.en.aenor.com/_layouts/15/r.aspx?c=N0060594

Asociación Española de Normalización y Certificación (AENOR). (2018f). UNE-ISO 31000. Gestión del riesgo. Directrices.

Asociación Española de Normalización y Certificación (AENOR). (2020). UNE-ISO 55002. Gestión de activos. Sistemas de gestión. Directrices para la aplicación de la ISO 55001.

Asociación Española de Normalización y Certificación (AENOR). (2021a). UNE-EN 12385-3. Cables de acero. Seguridad. Parte 3: Información para la utilización y el mantenimiento.

Asociación Española de Normalización y Certificación (AENOR). (2021b). UNE-EN 61703. Expresiones matemáticas para términos de fiabilidad, disponibilidad, mantenibilidad y soporte de mantenimiento.

Asociación Española de Normalización y Certificación (AENOR). (2023a). UNE-EN 15341:2020+A1. Mantenimiento. Indicadores clave de rendimiento del mantenimiento. https://www.une.org/encuentra-tu-norma/busca-tu-norma/norma?c=N0064682

Asociación Española de Normalización y Certificación (AENOR). (2023b). UNE-EN ISO 45001. Sistemas de gestión de la seguridad y salud en el trabajo. Requisitos con orientación para su uso. https://www.en.aenor.com/_layouts/15/r.aspx?c=N0060594

Asociación Española de Normalización y Certificación (AENOR). (2024). UNE-EN IEC 60300-1. Gestión de la confiabilidad. Parte 1: Gestión de la confiabilidad.

Boletín Oficial del Estado. (2001). Real Decreto 614/2001, de 8 de junio, sobre disposiciones mínimas para la protección de la salud y seguridad de los trabajadores frente al riesgo eléctrico. https://www.boe.es/eli/es/rd/2001/06/08/614/con

Boletín Oficial del Estado. (2004). Real Decreto 1215/1997, de 18 de julio, por el que se establecen las disposiciones mínimas de seguridad y salud para la utilización por los trabajadores de los equipos de trabajo.

Boletín Oficial del Estado. (2012). Real Decreto 1644/2008, de 10 de octubre, por el que se establecen las normas para la comercialización y puesta en servicio de las máquinas.

Boletín Oficial del Estado. (2015). Real Decreto Legislativo 8/2015, de 30 de octubre, por el que se aprueba el texto refundido de la Ley General de la Seguridad Social.

Boletín Oficial del Estado. (2022). Ley 31/1995, de 8 de noviembre, de Prevención de Riesgos Laborales.

International Organization for Standardization (ISO). (2015). ISO 13381-1. Condition monitoring and diagnostics of machines - Prognostics. Part 1: General guidelines.

SAE International. (2002). SAE JA1012. A Guide to the Reliability-Centered Maintenance (RCM) Standard.

US Department of Defense. (1959). MIL-M-26512. Maintainability Program Requirements for Aerospace.

US Department of Defense. (1972). AMCP-706-134. Engineering Design Handbook: Maintainability Guide for Design.

US Department of Defense. (1997). MIL-HDBK-470A. Designing and Developing Maintainable Products and Systems.